配电网新型智能融合终端现场

不停电施工及调试 操作手册

国网浙江省电力有限公司　组编

中国电力出版社
CHINA ELECTRIC POWER PRESS

内 容 提 要

本书共九章，主要包括概述、新型智能融合终端装置检测、配电房台区智能融合终端不停电安装作业、配电房台区智能融合终端不停电更换作业、柱上变压器台区智能融合终端不停电安装作业、柱上变压器台区智能融合终端不停电更换作业、箱式变压器台区智能融合终端不停电安装作业、箱式变压器台区智能融合终端不停电更换作业、新型智能融合终端现场调试等内容。

本书可供从事配电自动化、配电物联网专业施工、验收、管理人员学习参考。

图书在版编目（CIP）数据

配电网新型智能融合终端现场不停电施工及调试操作手册／国网浙江省电力有限公司组编 . —北京: 中国电力出版社，2023.1

ISBN 978-7-5198-7238-0

Ⅰ.①配⋯　Ⅱ.①国⋯　Ⅲ.①配电系统－电力工程－工程施工－手册　Ⅳ.① TM727-62

中国版本图书馆 CIP 数据核字（2022）第 216857 号

出版发行：中国电力出版社
地　　址：北京市东城区北京站西街 19 号
邮政编码：100005
网　　址：http://www.cepp.sgcc.com.cn
责任编辑：刘丽平　张冉昕（010–63412364）
责任校对：黄　蓓　马　宁
装帧设计：张俊霞
责任印制：石　雷

印　　刷：北京瑞禾彩色印刷有限公司
版　　次：2023 年 1 月第一版
印　　次：2023 年 1 月北京第一次印刷
开　　本：880 毫米 ×1230 毫米　横 32 开本
印　　张：8.625
字　　数：136 千字
印　　数：0001—1000 册
定　　价：48.00 元

前言
preface

　　自 2018 年，国家电网有限公司在新一代配电自动化建设应用的基础上，提出"硬件平台化、软件 App 化"的融合终端技术理念，台区智能融合终端的研究与部署应用得到快速发展，并在全国范围内开展了大量的试点示范应用工作。新型智能融合终端集配电台区供用电信息采集、电能表或采集终端数据收集、设备状态检测及通信组网、就地化分析决策、协同计算等功能于一体，是配电物联网建设的重要部分。为助力新型智能融合终端的建设推广，进一步规范现场操作人员的作业流程及作业方法，国网浙江省电力有限公司培训中心协同国网浙江省电力有限公司电力科学研究院以及浙江省内各地市供电公司共同编写了本书。本书以新型智能融合终端的不停电安装及更换作业为立足点，围绕配电房台区、柱上变压器台区、箱式变压器台区三种典型的安装场景，介绍了新型智能

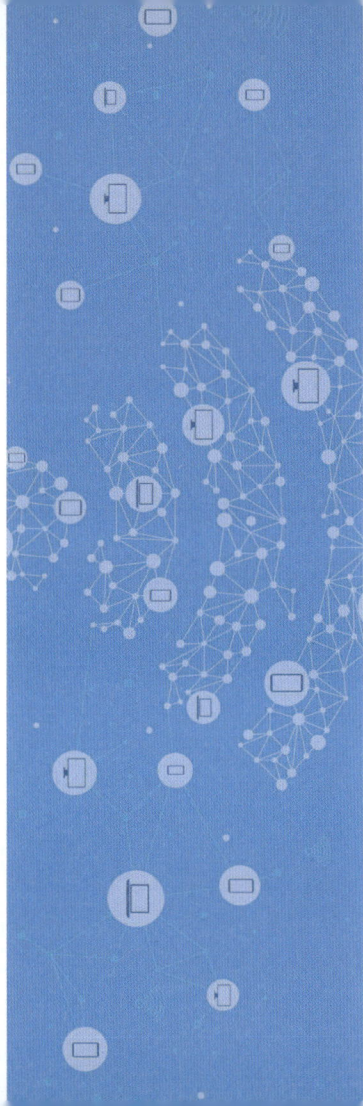

融合终端装置、新型智能融合终端装置检测、智能融合终端不停电安装作业、智能融合终端不停电更换作业、新型智能融合终端现场调试等内容。

　　本书旨在推广新型智能融合终端的建设，为打造智能化的配电物联网奠定工程基础，可供从事配电自动化、配电物联网专业施工、验收管理人员学习参考。

　　鉴于编写人员水平有限，书中疏漏与不妥之处在所难免，恳请各位读者不吝指正。

编者

2022 年 11 月

第一章　概述

配电网新型智能融合终端现场
不停电施工及调试操作手册

第一节　配电网建设发展需求

　　"十四五"是我国开启全面建设社会主义现代化国家新征程的第一个五年规划，也是我国提出"碳达峰、碳中和"目标以来能源转型的重要窗口期。配电网作为电网系统的重要组成部分，直接面向广大电力用户，是保障和改善民生的重要基础设施，是联系能源生产和消费的关键枢纽，是服务国家实现"碳达峰、碳中和"目标的基础平台，也是构建能源互联网的重要基础。一方面，政府对电网企业改善电力营商环境、提高供电服务质量和供电可靠性等方面的监管要求更加严格，同时电力用户对于配电网供电保障能力、电能质量以及运维服务效率等方面的需求越来越高；另一方面，分散化的清洁能源发展、大规模新能源开发利用与以"再电气化"为路径的新一轮能源革命，也对配电网的运行管理与控制提出了更高的灵活性和自协调性要求。

一、"双碳"目标要求配电网加速向能源互联网转型升级

　　为积极应对全球气候和环境变化挑战，满足《巴黎协定》温控目标要求，国际各主要经济体加快了能源绿色低碳转型进程，英国、法国、新西兰等西方发达国家均已立法确定在 2050 年实现净零排放，可再生能源将成为主导能源。我国深入实施"四个革命、一个合作"能源安全新战略，作出"碳达峰、

碳中和"承诺，提出构建以新能源为主体的新型电力系统，国务院及相关部委先后发布系列政策文件，指导加快建立健全绿色低碳循环发展经济体系，国家能源局启动整县（市、区）屋顶分布式光伏开发试点工作，整合行业资源，加速推动新能源发展。作为能源互联网建设的主战场，配电网正面临保障电力持续稳定供应和加快清洁低碳转型的双重挑战，必须加快技术革新，在规划建设、运营管理、体制机制等方面实现全面突破，全力保障电力安全可靠供应，满足清洁能源的开发、利用和消纳需求，推动全社会电气化水平和能源综合利用效率提升，积极促进"双碳"目标落地。

二、经济社会发展要求配电网不断提高供电保障能力

"十四五"时期，我国立足新发展阶段、贯彻新发展理念、构建新发展格局，全面推动经济社会高质量发展、可持续发展。我国深入实施京津冀协同、长江经济带、长三角一体化等区域协调发展战略，构建国际一流营商环境，培育世界级先进制造业集群，实施城市更新行动、建设新型智慧城市，深入推进以人为核心的新型城镇化战略，以城市群、都市圈为依托，促进大中小城市和小城镇协调联动、特色化发展，使更多人民群众享有更高品质的城市生活。配电网需要深度融合城市发展，推进网架、设备、技术、管理、服务升级，提升供电保障能力和优质服务水平，构建与经济社会高质量发展、人民美好生活需求和产业转型升级相适应的新型配电网，不断增强人民群众的获得感和幸福感。

尽管近年来电网公司在配电网建设改造与智能电网快速推进方面的力度持续加大，但在面对极大的建设需求与多元不确定因素时，依旧迫切需要更深入地应用"云大物移智链"等先进技术革新来推动配电网全业务、全环节数字化转型升级，从本质上全面提升配电网的建设、运维、运营与管理水平，在配电网建设运营的理念、方法、手段、能力等方面适应发展面临的新形势、新任务和新要求，支撑新时期下的配电网高质量快速发展需求。

第二节　配电物联网整体架构

一、配电物联网概念

配电物联网是配电技术与物联网技术深度融合产生的一种新型配电网络，通过赋予配电网设备灵敏准确的感知能力及设备间互联、互通、互操作功能，构建基于软件定义的高度灵活和分布式智能协作的配电网络体系，实现配电网全面感知、数据融合和智能应用，从而满足配电网精益化管理需求，支撑能源互联网快速发展，是新一代电力系统中的配电网。配电物联网的建设实践是全面提升电网运营管理水平、提供优质客户服务的重要基础。

在技术特征上，配电物联网具有终端即插即用、分布式智能部署、软件定义系统功能、状态全面感知、业务快速迭代与资源高效利用等显著特征。

1. 终端即插即用

即插即用（plug-and-play，PNP）是一种十分宽泛的技术概念，不同领域、不同应用场景下的 PNP 可以有着不同的定义。在配电物联网中，各种感知终端设备种类多、数量大，且生产厂家众多，无疑给终端设备的接入与运维管理带来了巨大的挑战。配电物联网建立在特定的传感器与传感网络上，依赖于设备、传输协议、硬件环境。因此，在实践配电物联网的过程中需要终端具备即插即用能力，即自动连接网络能力、自我标识的能力和自动参数配置、校正及诊断的能力等，以此来实现感知终端的智能化管理，缩短软硬件搭建时间，提高系统集成性、可靠性。

2. 状态全面感知

在配电变压器、分支箱、户表、充电桩、分布式能源等关键节点应用低成本的智能识别和感知技术，对配电网设备及线路进行数据采集和监控管理，从而实现网络拓扑的全面感知，即在当前"配变 – 用户"逻辑拓扑的基础上，进一步细化低压配电网"配变 – 分支 – 表箱 – 用户"的物理拓扑连接关系（包括电气网络拓扑、通信网络拓扑和物理网络拓扑）；设备资产的全面感知，即全面掌握主要设备的资产信息和状态信息；运行状态的全面感知，即实现低压配电网的潮流分布及电能质量状态等信息的可视化展示。

3. 分布式智能部署

在配电物联网的构成中，无论是云侧、边缘侧还是感知末端，都将具备不同程度的智能计算能力。

在云侧（主站）部署基于机器学习、深度学习等人工智能能力框架的集中式数据计算，来解决多维度的复杂运算与统计分析；在云端运算的基础上，可进一步赋予边缘侧和感知末端设备部署快速、简便的边缘计算与就地管控能力，促使云－边－端在网络存储、智能运算和业务应用等方面进行深度融合与协同，实现快速精准的决策与响应，从而使配电物联网具备分布式智能及各级智能自治协同的能力。

4. 软件定义系统功能

软件定义，即用软件去定义系统的功能，利用软件赋能硬件，从而实现系统运行效率和能量效率的最大化。在配电物联网中，将软件定义与数据科学、人工智能技术与互联网技术进行了深入融合，形成了包括软件定义主站、软件定义网络、软件定义终端在内的技术架构体系，通过软件与硬件的有效解耦，从而改变了原有的封闭、隔离、固化的业务应用与管理模式，构建了全新的扁平、灵活、高效的新型业务系统形态，满足了配电物联网构建生态应用的设计目标和功能定位。

二、配电物联网架构

配电物联网是工业物联网与电力行业深度融合下的新兴产物，可借鉴工业物联网已有的体系架构和建设经验来指导配电物联网的构架。但是，在实施部署过程中，还需结合电力行业的具体应用场景进行优化和调整。为实现这一目标，配电物联网需要一个基于标准、开放、广泛适用的架构框架，一方面兼容原有传统的配电网技术结构，另一方面能够具有良好的扩展性和健壮的系统性，从而达到全面数字化生产的程度。

1. 配电物联网架构的框架

（1）功能视角。功能视角关注配电物联网的整体系统功能，是顶层的技术架构，聚焦于配电物联网系统中的基本功能模块（系统的零部件），以支持上层应用组件的运行，主要关注模块之间的关联关系、组合结构、信息交互接口、使用流程和步骤，以及功能模块和系统外界环境的关联关系。从系统功能的角度出发，可抽象为图1-1中的一个功能域模型，主要包括控制域、操作域、信息域、应用域和业务域。

1）控制域。控制域部署在物联网边缘，贴近实物和环境，在物联网结构中处于边缘位置，通常呈现为一些功能单元以执行某些任务。控制域模型实现了（控制）目标和（物理）行为的统一，这类功能实现涉及感知、驱动、通信、建模和执行等功能单元。

2）操作域。操作域的主要职责包括：为功能（组件）的实现调配和部署资源并进行相应的系统管理；通过监控与诊断分析能力评估系统健康状态，并针对系统故障、性能下降等问题进行及时上报和预警；通过预测与优化能力在故障和问题发生前处理问题，并通过资源调整分配来实现生产运营的优化。因此，操作域由预测、优化、监控与诊断、调配与部署、系统管理等构件模块组成，而这些功能模块与更底层的控制域功能直接关联。

3）信息域。信息域的功能是将从其他域（主要是控制域及其大量的传感器）中获取的操作数据转化为信息，以用作控制反馈，实现流程的稳定或改善。然而，信息域的功能不仅仅是采集原始传感器数据，还要对其进行存储和处理。

4）应用域。应用域是所有"功能"的集合，承担了控制逻辑和实现特定业务的功能，包含对控制域进行操作的功能。功能在应用域中表示为一个个相对独立的应用程序，而业务则是多个应用程序的系统性组合，是高度抽象（语义化）和复杂的逻辑程序，包含一组协同的物理操作或一系列流程化的数据处理行为。

5）业务域。业务域是用于支撑整个物联网系统和企业原有业务系统之间的集成和兼容目的。企业的信息业务通过完整的一套程序来实现闭环的业务流程，即"端到端"的操作流程。

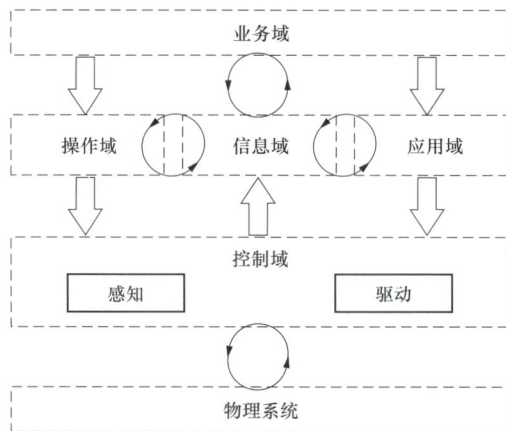

图 1-1　物联网功能视角架构框架模型

（2）执行视角。执行视角是从"具体实现"的视角来看待物联网，其本质是物理信息和虚拟信息的相互转换，所展示的功能拓扑是一种服务于信息的组网和计算方式，强调协议、接口以及系统动作、设备状态的信息化映射。如图 1-2 中，配电物联网的执行视角架构框架模型包括感知层、网络层、平台层和应用层。

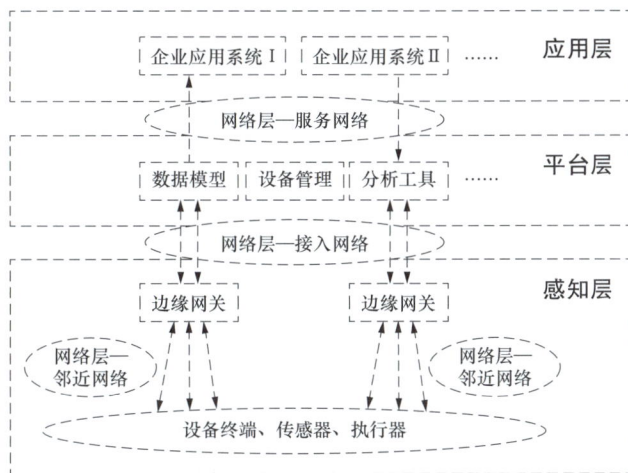

图 1-2　配电物联网执行视角架构框架模型

1）感知层。感知层由感知和边缘汇聚构成；具备数据采集、本地通信、汇集转发、集中校验、边缘计算、数据存储等功能，包括但不限于采集终端、智能终端、汇聚节点、本地通信和物联网网关。

2）平台层。平台层通过网络层的边缘汇聚接收数据，并负责数据的转换和处理。在平台层，将定位于支持信息域和操作域相关的大多数功能。一方面，平台层具有设备和资产的管理监控功能，可以向上层应用（应用层）提供这些能力；另一方面，平台层可以接受并执行应用层下达的操作指令，包括数据分析、信息查询、控制设备运作等。平台层实质上整合了各类信息能力，并形成具有开放性的服务系统。

3）应用层。应用层就是行业应用层，可以是商业决策系统，也可以是提供给外部用户的设备监控系统，还可以是针对运营人员用于质量分析的软件应用。应用层可以从平台层获取大量的底层生产数据，也可以通过平台层控制海量的终端设备。但是，应用层并不关注这些具体的功能（如查询、操控）如何实现，而仅负责高层应用的逻辑实现。

4）网络层。网络层是依据网络承载业务类型、规模、目标覆盖区、覆盖面积、容量及性能规划目标的远程通信网络架构，包括基于专网的网络架构、基于公网的网络架构，以及基于混合网的网络架构。整个网络层是由 3 层网络所构成，包括邻接网络、接入网络和服务网络。

2. 配电物联网架构的实践

配电物联网架构整体上可划分为"云、管、边、端"4 个部分，如图 1-3 所示。

图 1-3　配电物联网总体技术架构

（1）"端"：对应感知层，是配电物联网架构中的状态感知和执行控制主体终端单元。"端"层设备采用通用的硬件资源平台，通过 App 以软件定义方式实现业务功能，便于业务快速部署和扩展。

（2）"边"：对应感知层，是一种靠近物或数据源头处于网络边缘的分布式智能代理，就地或就近提供智能决策和服务。"边"和"端"从物理角度上看可以是一体化的，但从逻辑架构的角度来看，"边"是独立存在的。

（3）"管"：对应网络层，是"端"和"云"之间的数据传输通道，通过软件定义网络架构实现多种通信方式融合的网络资源综合管理与灵活调度，满足配电物联网业务灵活、高效、可靠、多样的基于 IP 的通信接入需求。

（4）"云"：是云化的主站，对应"应用层和平台层"，在满足传统配电自动化系统、设备资产管理系统数据贯通、信息融合的基础上，实现物联网架构下的全面云化，采用云计算、大数据、人工智能等先进技术，具有泛在互联、开放应用、协同自治、智能决策的特点。

第三节　台区新型智能融合终端

目前，国家电网公司基于"云—管—边—端"的配电物联网技术架构，在低压配电领域加快配电物联网技术攻关与示范建设，构建了以台区智能融合终端为核心的配电物联网体系，如图 1-4 所示。可以看到，针对配电网最小管理单元——配电台区，按照"一台区、一终端"的对应配置原则进行台区智能融合终端的建设部署与应用。

一、台区智能融合终端功能定位

2018 年，国家电网公司在新一代配电自动化建设应用基础上，提出"硬件平台化、软件 App 化"的融合终端技术理念，台区智能融合终端的研究与部署应用得到了快速的发展，并在全国范围内开展了大量的试点示范应用工作。

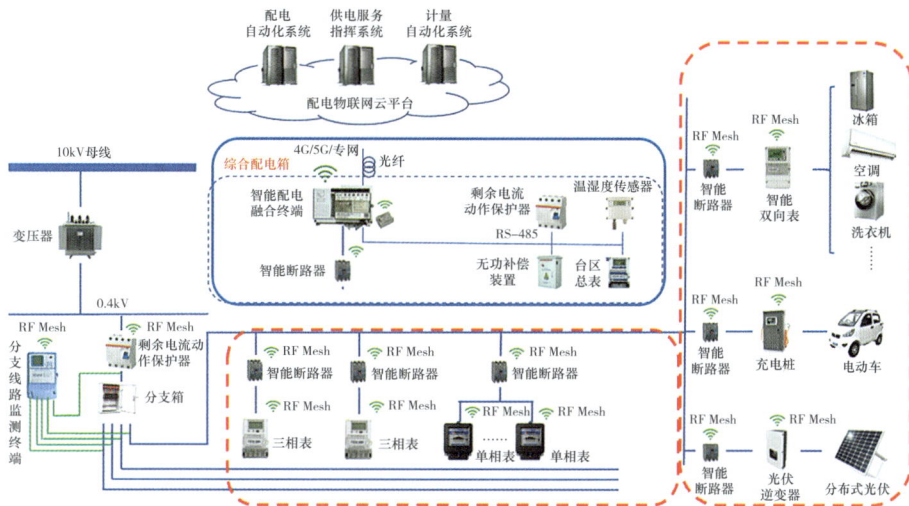

图 1-4　以台区智能融合终端为核心的低压配电物联网

1. 融合终端是配网"两化融合"具体实践

传统自动化建设基本遵循一个需求、一套设备、一个后台模式，存在着功能扩展困难、迭代升级缓慢的问题。融合终端基于"硬件平台化、软件 App 化"的技术理念，通过软件定义终端，既满足了传统工控系统对稳定性、可靠性和实时性的要求，又兼具了物联网技术的个性化、低成本和灵活性的优势，能够满足配电网精益管理和发展需求。

2. 融合终端让低压配电网透明化成为可能

随着配电网精细化管理和优质服务要求的不断提高，透明化的内在需求日益迫切。相较于中压配电网，低压配电网点多、量大、面广的特征更为显著，透明化管控对技术经济性、运维便捷性与配置灵活性提出了更高要求。融合终端基于标准物联网协议，可实现智能电能表、智能断路器等低压智能设备的即插即用，大大降低设备及运维调试成本；并利用融合终端强大的边缘计算能力，处理末端量测数据，实现对低压设备、低压用户的全景状态检和就地管控。

3. 融合终端能够有效支撑能源互联网建设

随着国家"碳达峰、碳中和"战略目标的提出，分布式电源迎来快速发展，终端能源消费再电气化的进程加速，尤其是电动汽车迎来爆发式增长。有统计数据表明，超过 50% 的分布式电源和绝大部分电动汽车充换电设施通过低压配电网接入，整县屋顶分布式光伏建设也将以低压接入为主，低压配电网已然成为了能源互联网建设的主战场。融合终端通过对接入设备和分布式电源、电动汽车充电设备、智能家居用户的全景监控，能够为"源—网—荷—储"友好互动提供本地协调策略，支撑分布式电源大规模消纳和电动汽车充电需求快速响应，推动能源互联网在配电领域的落地与实践。

二、台区智能融合终端结构及其功能

智能融合终端作为低压配电物联网的核心，基于软件 App 化，硬件平台化的理念，既能满足传统的用电信息采集、数据处理、档案自动同步、远程安全升级等业务需求，同时具备根据场景灵活配置、即插即用、实时感知等新增功能，可满足公共事业数据采集、分布式能源接入与监控、充电桩数据采集、台区状态管理、企业能效监测、智能家居应用等业务需求，图 1-5 所示为台区智能融合终端软硬件功能的组成示意。

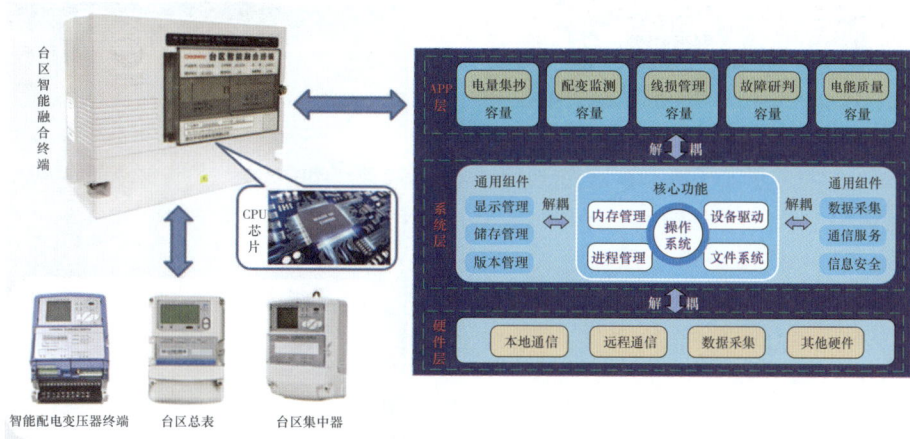

图 1-5　台区智能融合终端软硬件功能组成示意

　　台区智能融合终端由 2 个核心部分组成，分别是交采底板和核心主板，如图 1-6 所示。其中，交采

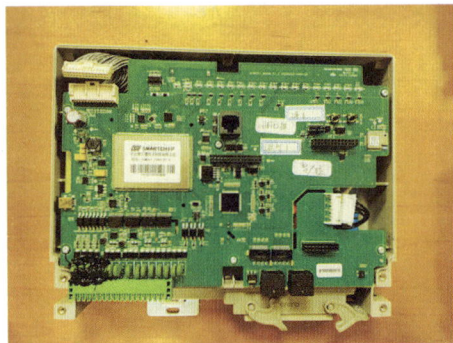
（a）

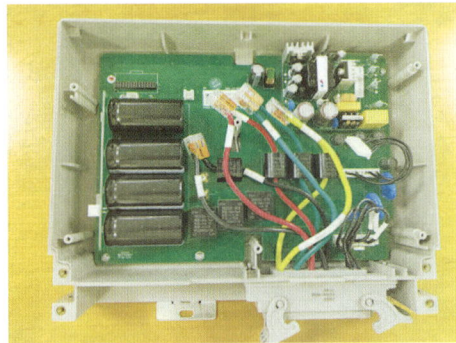
（b）

图 1-6 台区智能融合终端硬件结构解体图
（a）台区智能融合终端核心主板 （b）台区智能融合终端交采底板

底板主要承担电源供电、交流信号采集、关口电量计量等功能；而核心主板则负责通信、存储、边缘计算等智能化功能，两者共同组成台区智能融合终端的硬件支撑。

一方面，台区智能融合终端的应用实现了原有低压配电台区下智能配变终端、台区总表与台区集中器功能的整体替代，满足一个台区只需装设一个终端设备，即可从源端装置实现设备状态与生产运营（配电与营销）数据贯通，解决了数据重复采集、重复传输，设备重复投资、重复安装等问题，大幅减少了低压配电网在设备资产、运维检修和数据贯通等方面的投资，并实现两个专业（设备与营销）在设备层面和数据层面的融合应用。

另一方面，搭载的高算力 CPU 芯片和操作系统支持了硬件平台化、软件 App 化的软件功能架构，通过虚拟化技术、容器技术以及云边协同技术，使得台区智能融合终端的应用更加智能化（如业务应用将通过物联管理平台，以实现对融合终端进行 App 的安装部署、更新升级与删除等操作）。而高算力的 CPU 使得配电台区具有了能够思考运算的大脑，从而实现台区设备状态全感知、支撑拓扑识别、故障主动研判和抢修、电能质量优化业务、用户用电体验提升、改善供电质量等边缘计算和决策功能，提高了电网故障就地处理能力，保障了电网安全稳定经济运行。

第二章　新型智能融合终端装置检测

配电网新型智能融合终端现场
不停电施工及调试操作手册

第一节　新型智能融合终端装置检测管理

一、概述

与其他配电网自动化设备相同，国家电网有限公司对新型智能融合终端（简称融合终端）的检测有严格而规范的检测管理规定。在此基础上，国网浙江省电力有限公司（简称省公司）进一步明确了融合终端的检测流程中各检测单位的职责分工。

二、监测管理原则

根据检测目的和检测项目的不同，融合终端检测可以分为型式试验检测、入网专业检测（全性能试验）、到货检测、特殊试验检测四种类型。其中除特殊试验项目由试验组织方自行决定外，其他三类检测都对各自检测项目覆盖范围做了明确规定，融合终端检测项目见表 2-1。

表 2-1　　　　　　　　　　　　　　　融合终端检测项目

序号	检测项目		型式试验	入网专业检测（全性能试验）	到货检测	
					抽检	全检
1	结构与机械试验	外观结构检查	√	√	√	√

续表

序号	检测项目		型式试验	入网专业检测 （全性能试验）	到货检测	
					抽检	全检
2	结构与机械试验	硬件性能检查	√	√	√	
3		机械振动试验	√	√	√	
4		阻燃试验	√	√	√	
5		外壳防护性能试验	√	√	√	
6		盐雾试验	√			
7		电气间隙和爬电距离试验	√	√	√	
8	硬件接口试验	远程接口试验	√	√	√	√
9		本地接口试验	√	√	√	√
10	电源试验	电源断相试验	√	√	√	
11		电源电压变化试验	√	√	√	
12		频率改变试验	√	√	√	
13		逆相序试验	√	√	√	

续表

序号	检测项目		型式试验	入网专业检测 （全性能试验）	到货检测	
					抽检	全检
14	电源试验	抗接地故障能力试验	√	√	√	
15		后备电源试验	√	√	√	
16		失电数据和时钟保持试验	√	√	√	
17		功率消耗试验	√	√	√	
18	基本性能试验	交流模拟量基本误差试验	√	√	√	√
19		交流模拟量输入影响量试验	√	√	√	
20		交流工频电量允许过量输入能力试验	√	√	√	
21		电能计量功能试验	√	√	√	√
22		电能计量准确度试验	√	√	√	√
23	功能试验	基本功能试验	√		√*	√*
24		配电业务功能试验	√*	√*	√*	√*
25		营销业务功能试验	√*	√*	√*	√*

序号	检测项目		型式试验	入网专业检测 （全性能试验）	到货检测	
					抽检	全检
26	通信协议试验	远程通信协议试验	√	√*		
27		本地通信协议试验	√	√*		
28		功能模块通信协议试验	√	√*		
29	时钟及定位试验	对时（授时）试验	√	√	√	√
30		守时（走时）试验	√	√	√	
31		卫星定位试验	√	√	√	
32	连续通电稳定性试验		√	√		
33	绝缘性能试验	绝缘电阻试验	√	√	√	
34		绝缘强度试验	√	√	√	
35		冲击电压试验	√	√	√	
36	环境影响试验	低温试验	√	√	√	
37		高温试验	√	√	√	

续表

序号		检测项目	型式试验	入网专业检测（全性能试验）	到货检测	
					抽检	全检
38	环境影响试验	恒定湿热试验	√	√		
39		温升试验	√	√		
40	电磁兼容试验	电压暂降和短时中断试验	√	√		
41		阻尼振荡波抗扰度试验	√	√		
42		电快速瞬变脉冲群抗扰度试验	√	√		
43		浪涌（冲击）抗扰度试验	√	√		
44		静电放电抗扰度试验	√	√		
45		传导差模电流干扰抗扰度试验	√			
46		工频磁场抗扰度试验	√	√		
47		阻尼振荡磁场抗扰度试验	√			
48		脉冲磁场抗扰度试验	√			
49		恒定磁场抗扰度试验	√			

序号	检测项目		型式试验	入网专业检测 （全性能试验）	到货检测	
					抽检	全检
50	电磁兼容试验	射频电磁场辐射抗扰度试验	√	√		
51		射频场感应的传导骚扰抗扰度试验	√	√		
52	软硬件对比	软件对比		备案	比对	比对
53		硬件对比		备案	比对	比对

注 带 * 的测试子项可以适当精简或检测内容可以根据实际功能需求作适当变动。

1. 型式试验检测

型式试验检测由融合终端厂家委托具有型式试验资质的检测单位开展。检测单位参考表 2-1 所列项目逐项进行试验，并出具型式试验报告。有以下情况之一时，应进行型式试验：

（1）新产品定型；

（2）连续批量生产的装置（年生产量大于 100 台）每 2 年一次；

（3）正式投产后，如设计、工艺材料、元器件有较大改变，可能影响产品性能时；

（4）产品停产 1 年以上又重新恢复生产时；

（5）出厂试验结果与型式试验有较大差异时；

（6）国家技术监督机构或受其委托的技术检验检测部门提出型式试验要求时；

（7）合同规定进行型式试验时。

2. 入网专业检测（全性能试验）

入网专业检测（全性能试验）由融合终端厂家委托入网检测机构参考表 2-1 所列项目逐项进行试验，检测结论作为产品是否具备投标资格的前提条件。在以下情况下应进行招标前入网专业检测（全性能试验）：

（1）新产品定型后；

（2）连续批量生产的装置（年生产量大于 100 台）每 1~2 年一次；

（3）设计、平台有较大改变，并可能影响产品性能时；

（4）专业部门或管理部门提出要求时。

3. 到货检测

到货检测一般是在融合终端厂家中标后供货前这个阶段进行。经过多年不断改进，国家电网有限公司的招标流程已非常规范和完善，产品中标价格比较合理。为防止有中标厂家以次充好，国家电网有限公司在产品已批量生产完毕向各地市正式发货前，设置了到货检测环节。根据被检对象涵盖范围，到货检测可分为全检和抽检两类。

（1）全检是指批次融合终端产品全部到货后，由用户单位或受其委托的具有资质的检测单位参考表2-1所列项目对全部到货产品的关键功能性能项目进行的试验。主要考虑以下原则：

1）影响设备使用的关键功能性能的试验项目，如交流模拟量试验、电能计量试验等。

2）非破坏性试验项目。

3）适合使用检测流水线进行自动化、规模化检测的试验项目。

（2）抽检是指批次融合终端产品全部到货后，由用户单位或受其委托的具有资质的检测单位参考表2-1所列项目对到货设备的部分功能、性能项目进行的抽样检测，抽样率、抽样检测项目由用户单位根据现场实际情况确定。主要考虑以下原则：

1）主要考察设备在特殊条件下功能性能的试验项目，如电磁兼容试验等。

2）破坏性试验项目，如绝缘强度试验等。

3）不能使用检测流水线进行自动化、规模化检测的，或检测周期较长的试验项目，如连续通电稳定性试验、环境影响试验等。

4. 特殊试验检测

特殊试验检测是指设备在研发、生产、交付、验收或投运过程中，研发单位、用户单位或受二者委托的具有资质的检测单位安排的特殊试验。特殊试验的样机抽取规则和具体试验项目由有关单位根据实际情况确定。一般多见于已投运的产品，根据产品出现的问题进行针对性试验项目检测，目的是找出问题原因，或确定该问题是否属于家族性缺陷。

三、省公司融合终端检测管理流程

由于融合终端在设计架构上严格遵循类似智能手机的硬件和操作系统平台化、软件 App 化的原则，用户在使用过程中具有很高的自由度，可以根据自身需求开发相应的 App。但这给检测管理带来很大困扰，原本作为入网专业检测（全性能试验）的中国电力科学研究院（简称中国电科院）无法对各省电网公司的各自需求统一进行检测。为解决这个问题，国网浙江省电力有限公司对检测流程进行了梳理，要求国网浙江省电科院（简称省电科院）负责承担融合终端首台套专项检测工作，浙江省华电器材检测研究院负责融合终端到货检测工作。未通过首台首套入网检测的设备不得进行到货检测。

首台首套融合终端是指首次通过省公司招标集中采购、融资租赁及各地县公司自行招标采购等方式中标的融合终端。同一中标供应商不同型号产品应各自独立进行首台首套专项检测。同一中标供应商同一型号不同批次产品，若产品设计上有较大改动，视为等同于新型号产品，应重新进行首台首套专项检测。在省内各市（县）公司有挂网试运行记录，但因故未参加首台套专项检测的配电网二次设备及一二次融合设备产品，视为等同于新型号产品，供应商应主动完成首台首套补测工作。

省电科院负责承担对出现问题的已投运融合终端进行特殊试验检测的工作。需要说明的是，由于融合终端集成了一部分营销业务功能，因此，其中与营销业务相关的检测项目由省营销服务中心负责完成。

低压台区中除了作为台区大脑的融合终端，还有大量低压延伸智能设备的检测管理也遵循相同的原则和检测流程，如低压监测单元 LTU、低压智能开关、SVG、智能电容器、智能 JP 柜等。

第二节　新型智能融合终端装置检测项目及要求

根据表 2-1 中所示融合终端检测项目要求，以省电科院目前负责承担的融合终端首台套专项检测为例，对新型智能融合终端装置的检测项目和要求做介绍说明。测试依据国网浙江省电力有限公司配电台区融合终端技术规范（试行），新型智能融合终端检测项目详见表 2-2。

表 2-2　　　　　　　　　　　　　　新型智能融合终端检测项目

序号	检测项目		序号	检测项目	
1	外观结构与接口检查	外观结构检查	7	绝缘性能试验	绝缘强度试验
2		硬件接口检查	8		冲击电压试验
3	机械性能试验	机械振动试验	9	基本性能试验	电源电压变化影响试验
4		阻燃试验	10		电源断相试验
5		外壳防护性能试验	11		接地故障能力试验
6	绝缘性能试验	绝缘电阻试验	12		后备电源试验

续表

序号	检测项目		序号	检测项目	
13		交流工频电量基本误差试验	28	电磁兼容试验	静电放电抗扰度试验
14		交流工频电量影响量试验	29		射频电磁场辐射抗扰度试验
15		CPU 性能参数核查	30		基础安全试验
16		关键元器件检查	31	安全防护试验	接入安全试验
17		连续运行稳定性试验	32		网络安全试验
18	基本性能试验	低温性能试验	33		终端 / 本体安全试验
19		高温性能试验	34		故障报警功能试验
20		整机功耗试验	35		设备管理试验
21		电流回路功耗试验	36	系统及软件功能试验	容器化部署试验
22		对时守时试验	37		操作维护试验
23		电快速瞬变脉冲群抗扰度试验	38		日志记录试验
24	电磁兼容试验	电压暂降和短时中断试验	39		物联管理平台联通试验
25		浪涌（冲击）抗扰度试验	40	管理通道接入及功能试验	设备监视管理功能测试
26	电磁兼容试验	工频磁场抗扰度试验	41		App 应用管理功能测试
27		阻尼振荡波抗扰度试验			

续表

序号	检测项目		序号	检测项目
42	配电自动化Ⅳ区主站接入及基本功能试验	Ⅳ区主站连通试验	46	配电变压器运行分析功能试验
43		基本功能试验	47	电能质量评价与辅助决策功能试验
44	数据采集功能试验	智能电容器接入采集试验	48	典型业务场景试验	台区自动拓扑识别功能试验（含相位识别和户用变压器关系识别）
45		智能开关漏电保护数据接入采集试验	49		故障综合研判及上报功能试验

一、测试项目及测试依据

表 2–2 中 49 个检测项目中，安全防护试验（30~33 项）由中国电科院负责测试，省电科院仅对已取得试验报告数据和结论进行核对。典型业务场景试验中的 48、49 项需要与其他台区下延智能设备共同配合进行。

二、检测用仪器设备

根据新型智能融合终端试验检测项目，梳理出试验设备及仪器见表 2–3。表中所列设备未包含用于

表 2-3   试验设备仪器

序号	试验仪器设备	说明
1	绝缘电阻测试仪	
2	耐电压测试仪	
3	调温高低温恒温恒湿试验箱	
4	灼热丝试验仪	
5	电动振动测试台	
6	IP5X 防尘箱	
7	融合终端交采测试台	
8	冲击电压发生器	
9	电快速脉冲群测试系统	
10	浪涌抗扰度测试系统	
11	射频电磁场测试系统	
12	阻尼振荡波抗扰度测试系统	
13	工频磁场抗扰度测试系统	
14	静电放电抗扰度测试系统	

典型业务场景试验用的台区下延智能设备。

三、检测要求

新型智能融合终端检测应包含但不仅限于表 2-4 中所列项目，要求应符合表 2-4 中的要求。

表 2-4　　　　　　　　　　　　　　　　　检测要求

序号	检测项目	检测要求	说明
1	外观结构与接口检查（外观结构检查）	终端整机结构尺寸不应大于 300mm（长）×300mm（宽）×100mm（高）	
2	外观结构与接口检查（硬件接口检查）	终端应具备至少 2 路无线公网/专网远程通信接口，支持 2G、3G 和 4G	
		终端应具备至少 2 路以太网接口，传输速率应可选用 10/100 Mbit/s，全双工端口	
		终端应至少具备 1 路本地通信接口，可连接 HPLC 模块、微功率模块或双模模块	
		终端应具备至少 4 路 RS-485 接口，串口速率可选用 1200、2400、4800、9600、19200、115200bit/s 等	
		终端应具备 1 路蓝牙模块（可通过无线方式连接）	
		终端应具备 4 路开关量输入接口	

序号	检测项目	检测要求	说明
3	机械性能测试（机械振动测试）	按 GB/T 2423.10—2019《环境试验　第 2 部分　试验方法试验 FC：振动（正弦）》中有关规定执行。被测终端应能承受频率为 5~9Hz，振幅为 0.3mm 及频率为 9~500Hz，加速度为 1m/s^2 的振动。振动试验之后，终端不应发生损坏和零部件受振动脱落现象，且电压、电流和有功功率精度满足 0.5 级	
4	机械性能测试（阻燃测试）	按 GB/T 5169.11—2017《电工电子产品着火危险试验　第 11 部分：灼热丝/热丝基本试验方法成品的灼热丝可燃性试验方法（GWEPI）》及以下条件进行灼热丝试验，试验后应符合标准要求： ——端子座的试验温度：960℃； ——主壳体的试验温度：650℃； ——持续时间：30s	
5	机械性能测试（外壳防护性能试验）	终端防护等级不得低于 GB/T 4208—2017《外壳防护等级（IP 代码）》规定的 IP51 要求	
6	绝缘性能测试（绝缘电阻试验）	正常大气条件下，额定绝缘电压 $U_i \leqslant 60V$ 时，绝缘电阻不小于 10MΩ（应使用 250V 绝缘电阻表）；$U_i > 60V$ 时，绝缘电阻不小于 10MΩ（应使用 500V 绝缘电阻表）。终端各试验回路为： 1）电源回路对地。	

序号	检测项目	检测要求	说明
6	绝缘性能测试（绝缘电阻试验）	2）状态输入回路对地。 3）交流工频电流输入回路对地。 4）交流工频电压输入回路对地。 5）交流工频电流输入回路与交流工频电压输入回路之间。 6）其他无电气联系的各回路之间	
7	绝缘性能测试（绝缘强度试验）	正常大气条件下，终端被试回路应能承受应频率为50Hz 的交流电压 1min 耐压试验，试验后应无击穿、无闪络现象，泄漏电流应不大于 5mA（交流有效值）。终端各试验回路为： 1）电源回路对地。 2）状态输入回路对地。 3）交流工频电流输入回路对地。 4）交流工频电压输入回路对地。 5）交流工频电流输入回路与交流工频电压输入回路之间。 6）其他无电气联系的各回路之间	
8	绝缘性能测试（冲击电压试验）	终端被试回路施加 1.2/50μs 冲击波形，含 3 个正脉冲和 3 个负脉冲，施加间隔不小于 5s。应耐受冲击电压值为：额定绝缘电压 $U_i \leq 60V$ 时，2000V；$60V < U_i \leq 125V$ 时，5000V；$125V < U_i \leq 250V$ 时，	

序号	检测项目	检测要求	说明
8	绝缘性能测试（冲击电压试验）	5000V；250V$<U_i\leqslant$ 400V 时，6000V。试验后，电压、电流和有功功率精度满足 0.5 级。终端各试验回路为： 1）电源回路对地。 2）状态输入回路对地。 3）交流工频电流输入回路对地。 4）交流工频电压输入回路对地。 5）交流工频电流输入回路与交流工频电压输入回路之间。 6）其他无电气联系的各回路之间	
9	基本性能试验（电源电压变化试验）	电源电压偏差 ±20% 时，电压、电流和有功功率精度满足 0.5 级	
10	基本性能试验（电源断相试验、接地故障能力试验）	电源断相试验：三相三线供电时断一相，三相四线供电时断两相的条件下，终端应工作正常。 接地故障能力试验：在 110%U_n电源接条件下，电源地故障的情况下，两相对地电压达到 1.9 倍的标称电压且维持 4h 内，终端不应出现损坏。供电恢复正常后终端应能正常工作，电压、电流和有功功率精度满足 0.5 级	

序号	检测项目	检测要求	说明
11	基本性能试验（后备电源试验）	1）终端后备电源应采用超级电容并集成于终端内部。 2）终端后备电源充电时间应小于 1h。 3）终端主供电源供电不足或消失后，后备电源应自动无缝投入并维持终端及通信模块正常工作不少于 3min，具备至少与主站通信 3 次（停电后立即上报停电事件）的能力。 4）后备电源工作时，主电源恢复，终端正常工作	
12	基本性能试验（工频电量基本误差试验）	1）电压采集误差极限：±0.5%； 2）电流采集误差极限：±0.5%； 3）有功功率测量误差极限：±0.5%； 4）无功功率测量误差极限：±1%； 5）功率因数测量误差极限：±0.5%； 6）视在功率误差极限：±1%； 7）频率测量误差极限：±0.01Hz	
13	基本性能试验（交流工频电量影响量试验）	1）在 47.5Hz 和 52.5Hz 情况下，电压、电流和有功功率精度满足 0.5 级。 2）终端分别在叠加 20% 3 次电压谐波、20% 5 次电压谐波和 20% 3 次和 5 次电压谐波情况下，电压、电流和有功功率精度满足 0.5 级	

续表

序号	检测项目	检测要求	说明
14	基本性能试验（CPU 性能参数核查）	1）终端核心 CPU 主频不低于 800MHz。 2）终端内存不低于 1GB，FLASH（闪存）不低于 4GB	
15	基本性能试验（关键元器件检查）	任意一台送检终端设备拆盖后，各主要元部件与供应商所提供出厂元器件清单信息保持一致	
16	基本性能试验（连续运行稳定性试验）	1）被试终端供应商提供出厂试验结果； 2）终端在连续 72h 稳定通电试验后，应能正常工作； 3）终端在连续 72h 稳定通电试验后，电压、电流和有功功率精度满足 0.5 级	
17	基本性能试验（低温性能试验）	在低温设定值 –40℃时，终端处于通电状态并保持 4h 后，进行交流工频电量基本误差试验，测量误差不超过 ±0.5%	
18	基本性能试验（高温性能试验）	在高温设定值 70℃时，终端处于通电状态并保持 4h 后，进行交流工频电量基本误差试验，测量误差不超过 ±0.5%	
19	基本性能试验（整机功耗测试、电流回路功耗测试）	1）终端整机待机功耗：≤ 25VA。 2）标称输入条件下，任一电流回路功耗：≤ 0.75VA	

序号	检测项目	检测要求	说明
20	基本性能试验（对时守时试验）	1）终端应具备对时功能。 2）守时精度误差应满足不大于 0.5s/ 天	
21	电磁兼容试验（电快速瞬变脉冲群抗扰度试验）	1）严酷等级 4 级。 2）状态量信号输入、模拟量信号输入回路：电压峰值 2.0kV ；电源回路：电压峰值 4.0kV	
22	电磁兼容试验（电压暂降和短时中断试验）	1）电压试验等级：0%U_T。 2）从额定电压暂降 100%。 3）持续时间 0.5s，25 个周期。 4）中断次数：3 次，各次中断之间恢复时间为 10s。 以上电源电压的突变发生在电压过零处	
23	电磁兼容试验（浪涌（冲击）抗扰度试验）	1）严酷等级 4 级。 2）电源回路：共模试验值 4.0kVp	
24	电磁兼容试验（工频磁场抗扰度试验）	1）严酷等级 5 级。 2）电流波形：连续正弦波。 3）试验值：100（A/m）	
25	电磁兼容试验（阻尼振荡波抗扰度试验）	1）严酷等级 3 级。 2）试验频率：1MHz。 3）试验电压：共模 2kV ；差模 1kV。 4）试验次数：正负极性各 3 次。 5）测试时间：60s	

续表

序号	检测项目	检测要求	说明
26	电磁兼容试验（静电放电抗扰度试验）	1）严酷等级：4 级。 2）状态量信号输入、模拟量信号输入回路和电源回路：共模试验值 4.0kVp	
27	电磁兼容试验（射频电磁场辐射抗扰度试验）	1）严酷等级：4 级。 2）状态量信号输入、模拟量信号输入回路和电源回路：共模试验值 4.0kVp	
28	系统及软件功能试验（故障报警功能试验）	1）终端应能设置电压、电流越限阈值，在输入电压、电流超过阈值时，应能主动上报电压、电流越限告警事件。 2）终端应能设置电压、电流畸变率阈值，在输入电压、电流畸变率超过阈值时，应主动上报电压、电流畸变率越限告警事件。 3）终端应能设置电压、电流不平衡度阈值，在输入电压、电流不平衡度超过阈值时，应能主动上报电压、电流不平衡度越限告警事件。 4）终端采用三相四线制供电，当供电电压任一相断相，终端应能主动上报断相告警事件	
29	系统及软件功能试验（设备管理、容器化部署、操作维护、日志记录）	1）设备管理试验：终端设备应具备本地设备信息查询以及配置管理功能。 2）容器化部署试验：对利用容器运行应用程序进行试验，支持容器的数量可查询、配置和修改容器资源。	

续表

序号	检测项目	检测要求	说明
29	系统及软件功能试验（设备管理、容器化部署、操作维护、日志记录）	3）操作维护试验：终端设备应支持对多种操作维护界面和接口登录进行操作维护。 4）日志记录试验：终端应具备日志记录功能，包含系统日志、操作日志、安全日志等日志	
30	管理通道接入及功能试验	1）物联管理平台联通功能测试：终端应支持通过4G无线公网（VPN）连接至物联管理平台。 2）App应用管理功能测试：应可通过物联管理平台或Ⅳ区主站对在线终端进行App下装、App启用、App停止及App卸载操作。 3）设备监视管理功能测试：应可通过物联管理平台或配电自动化Ⅳ区主站（简称Ⅳ区主站）对在线终端软件版本、App信息进行查询与实时监控	
31	配电自动化Ⅳ区主站接入及基本功能测试	Ⅳ区主站连通性测试检测要求：终端应支持通过4G无线公网（VPN）连接至Ⅳ区主站。Ⅳ区主站基本功能测试检测要求： 1）应可通过Ⅳ区主站对在线终端进行远程对时操作。 2）应可通过Ⅳ区主站对在线终端进行数据召测参数配置和数据读取。 3）应可通过Ⅳ区主站对在线终端进行周期上报任务配置。 终端停电后应可自动生成停电告警，并实时上报Ⅳ区主站	

序号	检测项目	检测要求	说明
32	数据采集功能试验	1）智能漏电保护开关接入功能测试检测要求：应可通过Ⅳ区主站对终端下挂智能漏电保护开关的电压、电流、剩余电流、运行状态字等数据进行召测读取。 2）智能电容器接入功能测试检测要求：应可通过Ⅳ区主站对终端下挂智能电容器的组网参数、运行状态、无功补偿电量统计等数据进行召测读取	
33	典型业务场景试验（配电变压器运行分析功能试验）	终端应具备以下数据监测功能： 1）配电变压器低压侧，零序电压、零序电流、相角与频率。 2）配电变压器低压侧，总有功、总无功、总视在功率、总功率因数。 3）配电变压器低压侧，分相有功、分相无功、分相视在功率、分相功率因数。 4）配电变压器低压侧，三相电压不平衡度、三相电流不平衡度、电压幅值偏差、电压频率偏差。 5）配电变压器低压侧，电压各次谐波含有率（2~19次）、电流各次谐波有效值（2~19次），电压与电流总谐波畸变率。 配电变压器低压侧，电压合格率、负载率	

续表

序号	检测项目	检测要求	说明
34	典型业务场景试验（电能质量评价与辅助决策功能试验）	终端应具有电压越限统计，功率因数越限统计，电压、电流不平衡度统计，频率监测统计与谐波监测统计功能	
35	典型业务场景试验（台区自动拓扑识别功能试验）	1）终端应通过就地汇聚配电变压器侧、线路侧、用户侧节点数据信息，实现台区网络拓扑识别；通过搜表实现档案自动维护，实现对智能电能表是否跨台区以及所在相位进行自动研判；周期采集本地通信模块路由信息，上报主站或供主站查询，实现采集系统各级网络管理功能；终端应能通过控制电容器的投切在母线上形成特征电压信号，以协助实现台区户用变压器识别。 2）应具备特征电流实时检测功能，可检测频率为 783.3Hz ± 0.5Hz 和 883.3Hz ± 0.5Hz 的特征电流。可存储检测到特征电流的时间、所属相位、幅值等信息，存储信息应不低于 5000 条。特征电流信号采样频率不低于 4kHz	
36	典型业务场景试验（故障综合研判及上报功能试验）	终端应具备通过采集低压网络拓扑各节点的电压、电流、告警等信息，实现短路故障区段、停复电事件的综合自动研判和快速上报。故障信息应能在拓扑图上显示	

新型智能融合终端需进行主要部件检查，检查记录详见表2–5。记录过程中需明确部件名称，对重要原件需记录型号、数量及品牌。同时在检查记录表中需对重要部件进行图片拍摄存档。

表 2–5 样品主要部件检查表

元件名称	型号	数量	设备品牌
CPU 芯片			
内存芯片			
FLASH（闪存）芯片			
电源芯片			
计量芯片			
法拉电容			
远程通信模块			
本地通信模块			
安全芯片（配电）			
安全芯片（营销）			
强电连接器			
弱电连接器			
			检测日期：

样品主要元部件（样品图片）

1. 核心板（含 CPU、内存及 FLASH）

2. 电源板（含芯片）

3. 计量模块（含芯片）

4. 法拉电容

续表

5. 远程通信模块

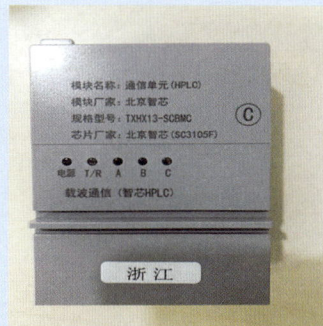

6. 本地通信模块

7. 安全芯片（配电）

8. 安全芯片（营销）

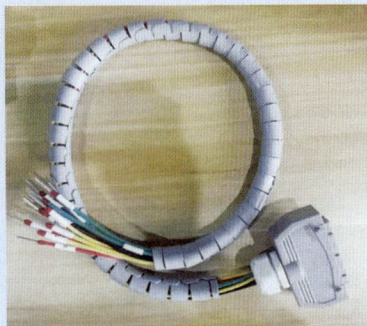

9. 强电连接器

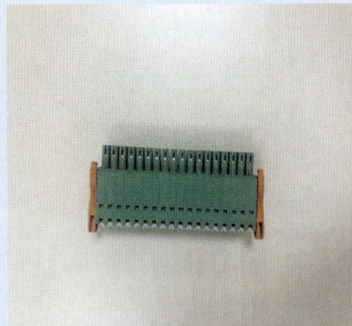

10. 弱电连接器

第三章 配电房台区智能融合终端不停电安装作业

配电网新型智能融合终端现场
不停电施工及调试操作手册

第一节　工作准备

一、执行工作许可制度

作业前核对施工配电房台区设备间隔双重名称无误；天气良好，无雷、雨、雪、大雾，风力不大于10.5m/s，相对湿度不大于80%及作业周围环境符合带电作业条件。工作负责人作业前和设备运维管理单位联系，办理工作许可手续，如图3-1所示。联系内容有：工作负责人姓名、工作班组名称、工作地

图 3-1　办理工作许可手续

点、工作任务、计划工作时间等。作业前应确认如有自动重合功能的剩余电流保护装置应退出其自动重合功能。

工作负责人得到设备运维管理单位许可后，应在工作票上记录许可时间并签名，如图 3-2 所示。

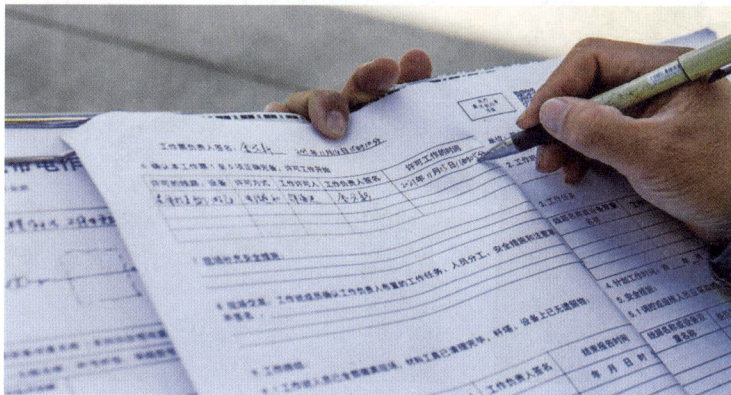

图 3-2　办理工作许可记录

二、召开现场站班会

工作开始前，召开现场班会（见图 3-3），工作负责人现场列队宣读工作票，按照"三交三查"要求，交代工作任务、安全措施、技术措施及作业方法，并告知安全措施、注意事项和危险点。

图 3-3　现场站班会

检查工作班组成员精神状态是否良好（如作业当天出现明显精神和体力不适的情况时，应及时更换人员，不得强行要求作业）。着装是否符合标准，安全工器具是否齐全并符合施工要求。作业人员清楚明白"三交三查"内容后并在工作票上履行签名手续，签名字迹应清晰，如图 3-4 所示。

图 3-4　工作班成员签字确认

三、布置工作现场

在工作现场，工作负责人组织作业人员设置安全围栏并悬挂标示牌，如图 3-5 和图 3-6 所示。安全围栏应设置合理，不应小于待检修作业范围，进出口大小合适。警示标示牌应包括"从此进出""在此工作"，在道路边上工作时，道路两侧应放置"电力施工减速慢行"或"车辆绕行"警示标示牌或隔离路障。必要时，需派专人看管作业现场。

图 3-5　设置安全围栏

图 3-6　悬挂标示牌

　　作业人员在作业现场应选择干燥、阴凉位置，将工器具及材料摆放在防潮苫布上。摆放时绝缘工器具不能与金属工器具、材料混放，如图 3-7 所示。

图 3-7　各类工器具分区摆放

四、检查绝缘工器具及材料

作业人员应穿戴防电弧能力不小于 27.0cal/cm^2 的防电弧服装。配电柜附近的工作负责人（监护人）及其他配合人员应穿戴防电弧能力不小于 6.8cal/cm^2 的防电弧服装。防电弧服样式如图 3-8 和图 3-9 所示，服装上应有明显表示，作业人员需检查确认无误后方可使用。

图 3-8　27cal/cm² 的防电弧服

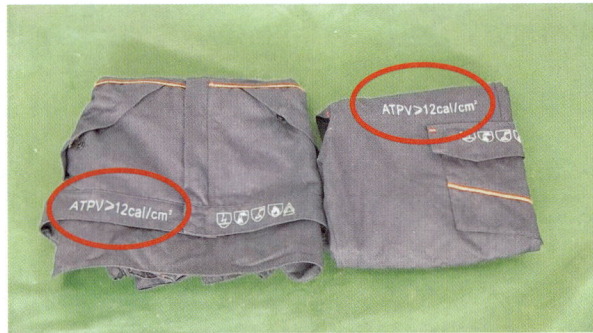

图 3-9　12cal/cm² 的防电弧服

作业中应使用与防电弧服相应防护等级的防电弧手套（即手套（绝缘、防电弧、防刺穿）三合一），同时手套应与作业电压等级相适应。0.4kV 绝缘手套如图 3-10 所示。

在低压不停电作业时，应使用与防电弧服相应防护等级的防电弧面罩。如图 3-11 所示。

现场使用的绝缘操作工具表面不应磨损、变形损坏，操作应灵活。禁止使用锉刀、金属尺和带有金属物的毛刷、毛掸等工具。绝缘操作工具如图 3-12 所示。

作业人员需戴清洁、干燥的手套，使用清洁、干燥毛巾对绝缘毯进行擦拭并进行外观检查，如图 3-13 所示。检查个人防护用具（防电弧服、防电弧面屏、绝缘鞋套、三合一绝缘手套），如图 3-14~ 图 3-17 所示。

作业准备工作时，还需对验电器、电流互感器等进行检查，如图 3-18 所示。

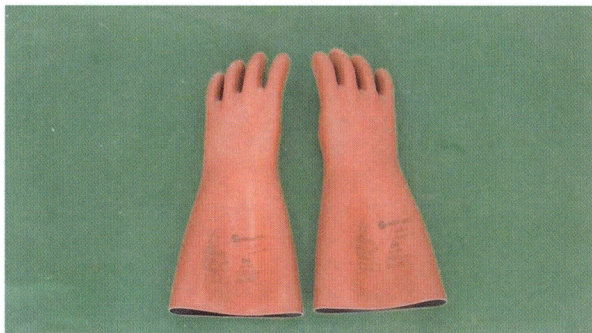

图 3-10 0.4kV 绝缘手套

图 3-11 防电弧面罩

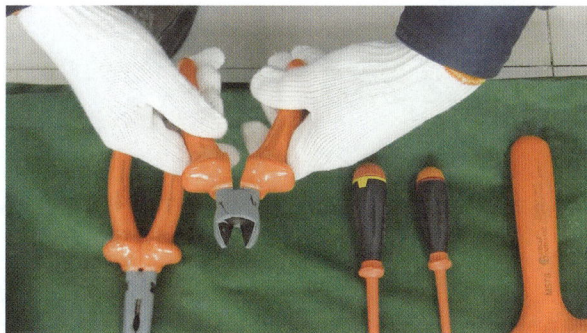

图 3-12 绝缘操作工具

图 3-13　绝缘毯检查

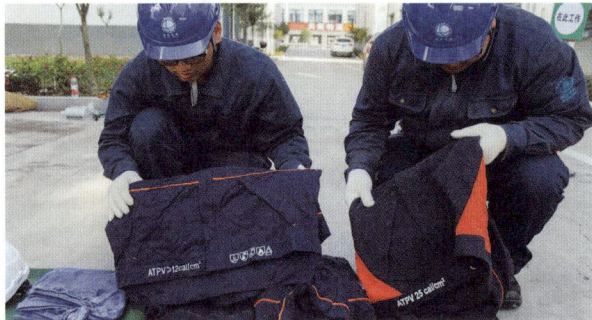

图 3-14　防电弧服检查

图 3-15　防电弧面屏检查

图 3-16　绝缘鞋套检查

图 3-17 绝缘手套检查

图 3-18 验电器、电流互感器检查

　　该作业项目为配电房台区新型智能融合终端不停电安装，需对安装设备，即新型智能融合终端、电流互感器等进行检查，智能融合终端外观良好、条形码、ID、SIM 卡信息正确，如图 3-19 所示。开口式电流互感器外观完整、资产编号、变比等信息正确。用仪表测量互感器一次、二次回路可靠性，同一组互感器的极性方向应一致，如图 3-20 所示。

图 3-19　智能融合终端检查

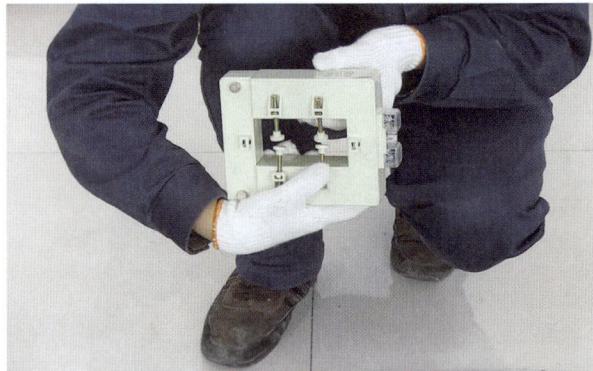

图 3-20　互感器检查

五、穿戴个人安全防护用品

在配电柜附近作业时，工作负责人（监护人）、作业人员及其他配合人员应穿戴相应防护等级的防电弧服装、防电弧手套、鞋罩，佩戴护目镜或防电弧面屏，穿戴好后相互检查，如图 3-21 所示。个人电弧防护用品和人员绝缘防护用具在低压配网不停电作业中应配合使用，使用时应将绝缘防护用具穿戴在个人电弧防护用品外，以确保人员不会受到电气伤害或触发短路。作业过程中不得摘下绝缘手套及其他防护用具。

图 3-21　个人防护用品穿戴

第二节　操作步骤

一、验电

获得工作负责人许可后，作业人员接触柜门前应验明柜体确无电压，验电前需确认验电器正常。用低压验电笔时，不能戴手套验电；用验电器验电时，手不得越过护环或手持部分的界限，如图 3-22 所示。验电完成后，作业人员用工具拆除封印，如图 3-23 所示。

图 3-22　柜门验电

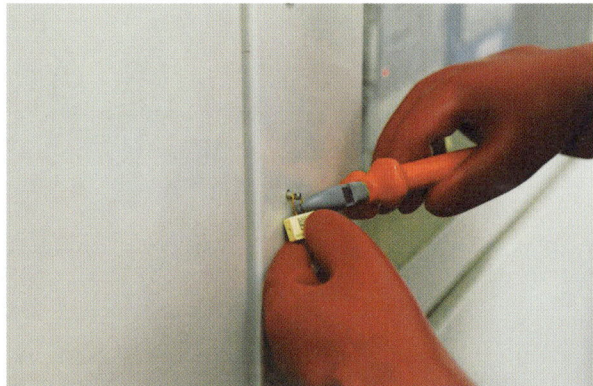

图 3-23　拆除封印

二、绝缘遮蔽

作业人员打开柜门，对配电柜内智能终端侧带电部位及柜体依次进行绝缘遮蔽，如图 3-24 和图 3-25 所示。绝缘遮蔽时作业人员按照"由近到远，从下到上、先带电体后接地体"的原则对作业区域进行绝缘遮蔽。

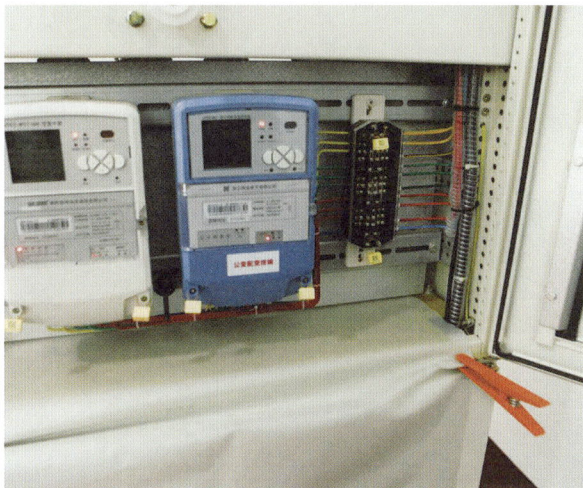

图 3-24　智能终端侧带电部位绝缘遮蔽

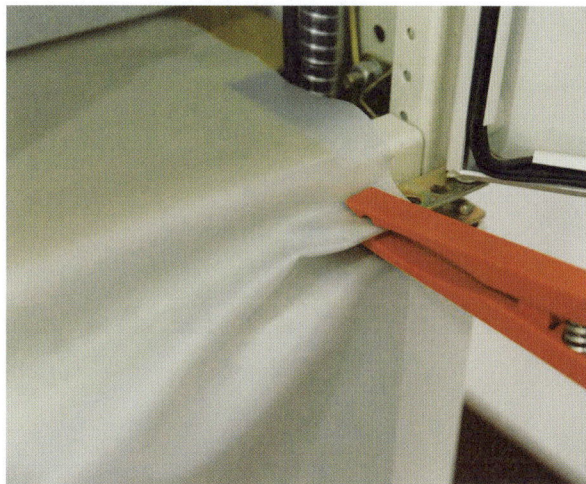

图 3-25　柜体绝缘遮蔽

　　获得工作负责人员许可后，作业人员对作业区域母线侧进行绝缘遮蔽，如图 3-26 和图 3-27 所示。绝缘遮蔽应严密完整，所有未接地、未采取绝缘遮蔽、断开点未采取加锁挂牌等可靠措施进行隔离电源的低压线路和设备都应视为带电。

图 3-26　母线绝缘遮蔽

图 3-27　母线侧绝缘遮蔽

三、检查及操作联合接线盒

获得工作负责人许可后，作业人员用万用表检查联合接线盒电源侧二次回路连接线是否正确，方向套编号是否对应，如图 3-28 所示。检查联合接线盒电流、电压回路连接片及螺丝是否完好，有无烧灼痕迹，如图 3-29 所示。

检查完毕后，对现场联合接线盒的电流、电压连接片进行操作，如图 3-30 所示，打开联合接线盒的盖板，逐相合上联合接线盒 A、B、C 相电流连接片，逐相断开联合接线盒 A、B、C、N 相电压连接片。

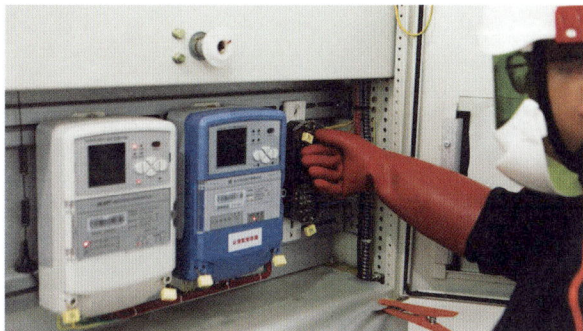

图 3-28　二次回路接线检查

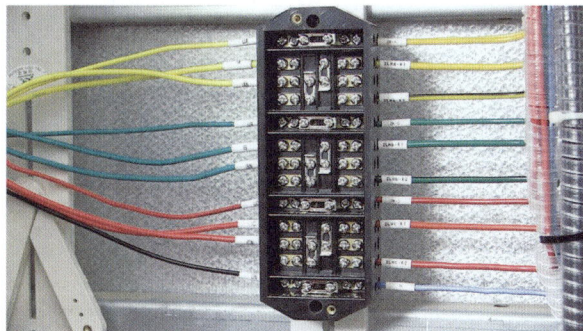

图 3-29　联合接线盒检查

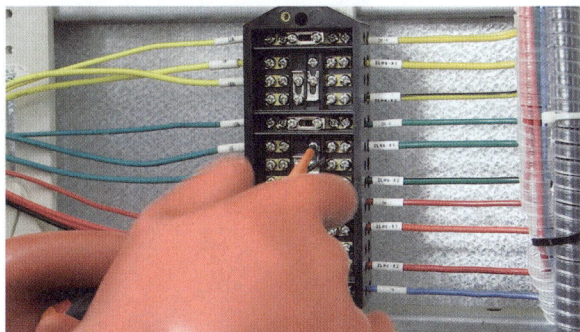

图 3-30　联合接线盒操作

四、安装智能融合终端

目测安装位置后，作业人员固定安装智能融合终端，如图 3–31 所示。智能融合终端应垂直安装，倾斜度不超过 1°，与外壳及周围结构件之间不应小于 40mm ；与联合接线盒之间不应小于 80mm。

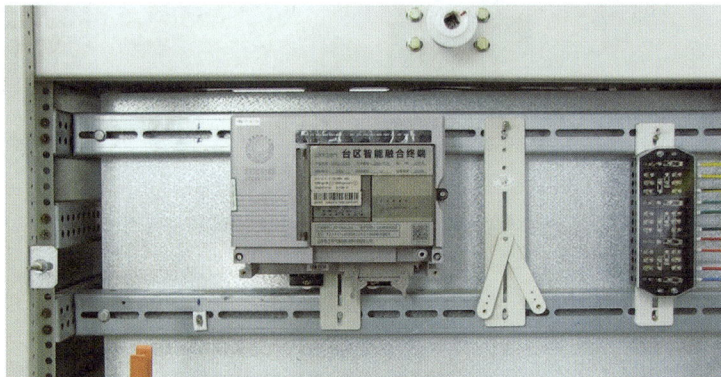

图 3–31　安装智能融合终端

五、安装线束

获得工作负责人许可后，作业人员将智能融合终端成套线束按方向套编号将电压、电流线与联合接线盒连接，如图 3-32 所示。

　　获得工作负责人许可后，作业人员拆除融合终端的成套线束航空插头绝缘遮蔽，把航空插头与智能融合终端接口相连，连接牢固可靠，如图 3-33 所示。

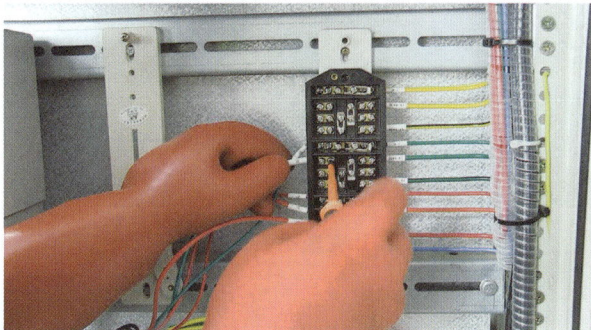

图 3-32　安装成套线束

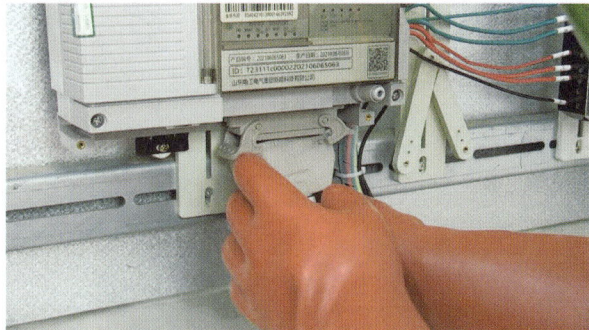

图 3-33　安装航空插头

六、安装电流互感器

　　获得工作负责人许可后，作业人员按照一次电流从 P1 进 P2 出的要求牢固安装电流互感器，安装要求如图 3-34 所示。连接 S1、S2，压接圈的形状与螺丝大小匹配，其弯曲方向必须与螺栓拧紧方向一致，导线绝缘层不得压入垫圈内，盖上电流互感器盖板并封印，如图 3-35 所示。

图 3-34　单个电流互感器安装

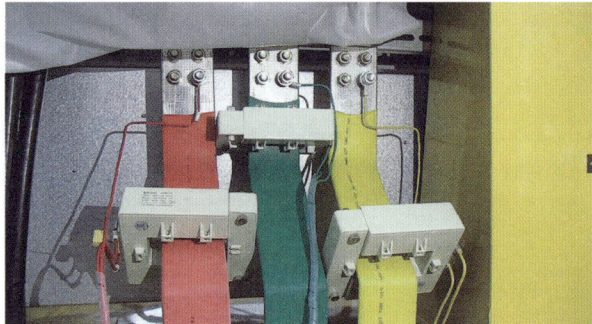

图 3-35　完成电流互感器安装

七、电压回路接线

电压回路接线时需要理清二次导线，量取长度。然后剥去绝缘层，通过先反向折弯线芯至 90°，打弯的方式做头，然后放入垫片，再放入二次导线线头，最后放上垫片和弹簧垫圈后拧紧固定，如图 3-36 所示。以同样的方法接好其他两相电压线。注意压接圈弯曲方向应与螺丝放入方向相同。

在柜后完成电压取电后，将导线接入联合接线盒，如图 3-37 所示。接线时注意导线应连接紧密，接触良好，螺丝不得压在导线绝缘外皮上。

图 3-36　电压回路接线

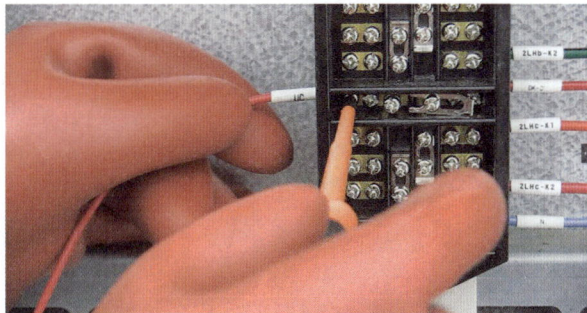

图 3-37　联合接线盒电压接入

八、安装 SIM 卡、集抄模块、天线

连接北斗、4G 天线，并根据信号强度，选择适当的天线位置。天线的中间线应放置妥当，天线过长时应绑扎并固定，穿过柜门时不能因太紧而压坏天线，完成后盖上智能融合终端盖板。SIM、集抄模块、天线安装如图 3-38 所示。

九、智能融合终端投入运行

获得工作负责人许可后，作业人员操作联合接线盒，按照 N、C、B、A 的顺序逐相合上联合接线盒

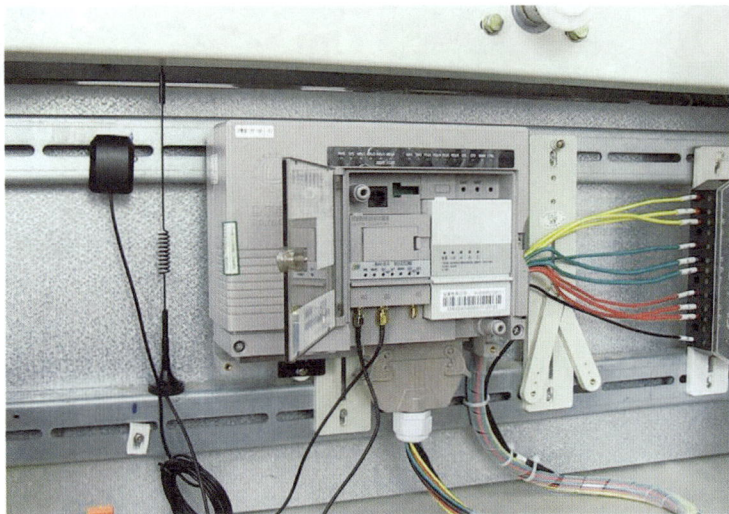

图 3-38   SIM 卡、集抄模块、天线安装

电压连接片。断开各相电流连接片，将智能融合终端投入运行，记录更换结束时间，并盖上联合接线盒盖板。电压、电流回路接入如图 3-39 所示。接入后，检查智能融合终端电源灯、指示灯、4G 模块等亮灯工况信息，检查 PWR、2G/3G、WAN 等指示灯是否在正常状态，如图 3-40 ～图 3-42 所示。完成检查后对智能融合终端、联合接线盒等加封封印，记录封印编号，如图 3-43 所示。

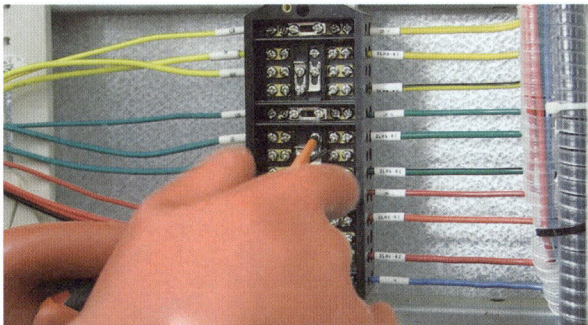

图 3-39 电压、电流回路接入

图 3-40 融合终端电源灯检查

图 3-41 融合终端指示灯检查

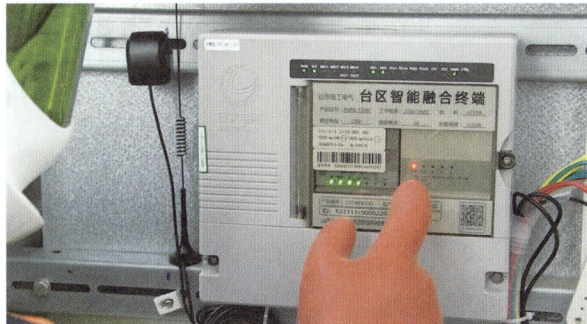

图 3-42 融合终端通信模块检查

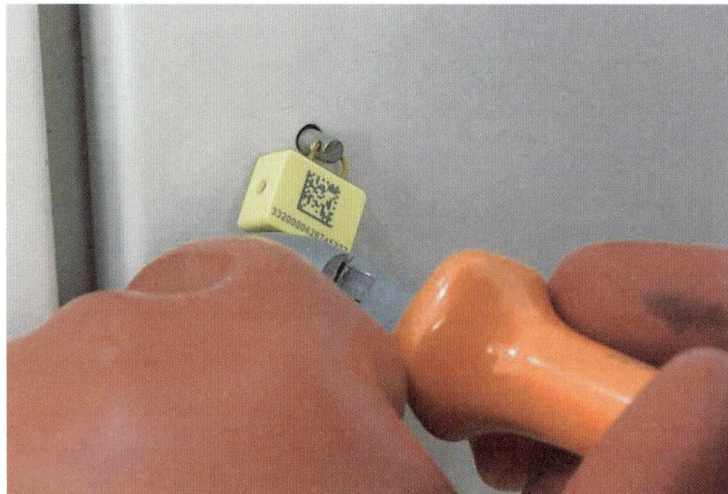

图 3-43　加封封印

十、拆除绝缘遮蔽

获得工作负责人的许可后，作业人员按照设置绝缘遮蔽相反的顺序拆除智能终端侧的绝缘遮蔽。图 3-44 为拆除智能终端侧绝缘遮蔽的场景，作业过程中需注意拆除顺序。拆除柜前遮蔽后，经工作负责人的许可，作业人员按照设置绝缘遮蔽相反的顺序拆除母排侧的绝缘遮蔽，如图 3-45 所示。

图 3-44　拆除智能终端侧绝缘遮蔽

图 3-45　拆除母排侧的绝缘遮蔽

第三节　质量检查

　　绝缘遮蔽拆除后，工作负责人应全面检查作业质量，智能融合终端安装符合规范要求，确认作业现场工作完成无误、无工具、材料等遗留物，如图 3-46 所示。

图 3-46　现场工作负责人检查作业质量

第四节　工作结束

一、整理工器具及清理现场

工作负责人组织作业人员整理工具、材料，将工器具清洁后分类放置在专用工具箱（袋）内，撤除安全围栏，清理作业现场，做到工完料尽场地清，如图 3-47 和图 3-48 所示。

图 3-47　整理工器具

图 3-48　拆除围栏及标示牌

二、召开班后会

工作负责人组织作业人员召开班后会，总结和点评此次工作的施工质量、存在的问题以及工作班成员在作业中安全措施的落实情况、对规程的执行情况等内容，如图 3-49 所示。

三、办理工作终结手续

工作负责人向设备运维管理单位汇报工作结束，并终结工作票，如图 3-50 和图 3-51 所示。汇报内容有：工作负责人姓名、工作班组名称、工作地点、工作任务结束时间、完成情况，如有自动重合功能的剩余电流保护装置应恢复其自动重合功能。

图 3-49　召开班后会总结点评

图 3-50　向设备运维管理单位汇报工作结束

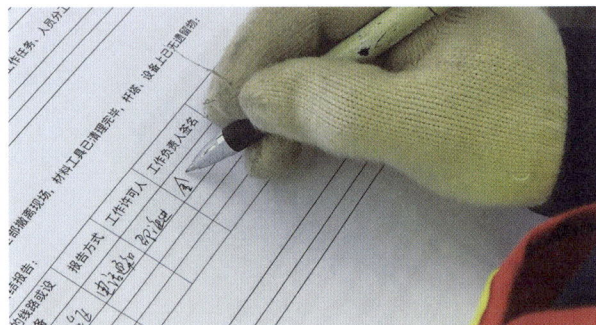

图 3-51　工作终结签字确认

第四章　配电房台区智能融合终端不停电更换作业

配电网新型智能融合终端现场
不停电施工及调试操作手册

<h1 style="text-align:center">第一节　工作准备</h1>

一、执行工作许可制度

作业前核对施工配电房台区设备间隔双重名称无误；天气良好，无雷、雨、雪、大雾，风力不大于 10.5m/s，相对湿度不大于 80% 及作业周围环境符合带电作业条件。工作负责人作业前和设备运维管理单位联系，办理工作许可手续，如图 4-1 所示。联系内容有：工作负责人姓名、工作班组名称、工作地

图 4-1　办理工作许可手续

点、工作任务、计划工作时间等。作业前应确认如有自动重合功能的剩余电流保护装置应退出其自动重合功能。

工作负责人得到设备运维管理单位许可后，应在工作票上记录许可时间并签名，如图 4-2 所示。

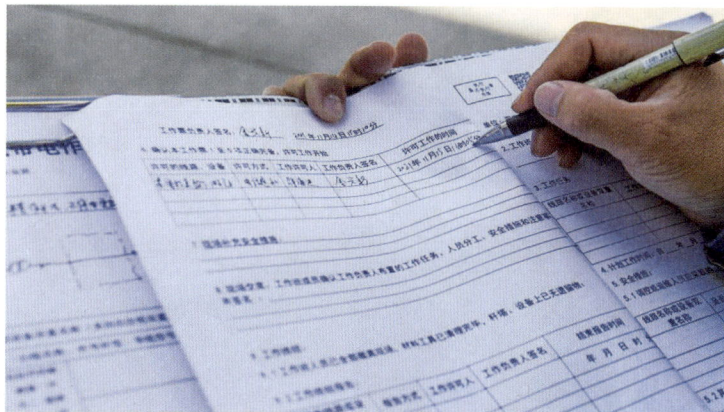

图 4-2　在工作票上记录许可时间并签名

二、召开现场站班会

许可手续完成后，工作负责人召开现场站班会，现场列队宣读工作票，按照"三交三查"要求，交代工作任务、安全措施、技术措施及作业方法，并告知安全措施、注意事项和危险点。同时，项目负责人检查工作班组成员精神状态是否良好，如作业当天出现明显精神和体力不适的情况时，应及时更换人员，不得强行要求作业。另外要检查着装是否符合标准，安全工器具是否齐全并符合施工要求，如图4-3所示。

图 4-3　召开站班会"三交三查"

作业人员清楚明白"三交三查"内容后在工作票上履行签名手续，签名字迹应清晰，如图4-4所示。

图 4-4　作业人员在工作票上签名确认

三、布置工作现场

工作负责人组织作业人员设置安全围栏，如图 4-5 所示，安全围栏应设置合理，不应小于待检修作业范围，进出口大小合适。

围栏设置完成后，还应悬挂标示牌，如图 4-6 所示，标志牌应包括但不仅限于"从此进出""在此工作"，在道路边上工作时，道路两侧应放置"电力施工减速慢行"或"车辆绕行"警示标志牌或隔离

图 4-5　作业人员设置安全围栏

图 4-6　作业人员悬挂标示牌

路障等。

　　作业人员在作业现场应选择干燥、阴凉位置，将工器具及材料摆放在防潮苫布上。摆放时绝缘工器具不能与金属工器具、材料混放，如图 4-7 所示。

四、检查绝缘工器具及材料

　　作业人员应穿戴防电弧能力不小于 27.0cal/cm^2 的防电弧服装。配电柜附近的工作负责人（监护人）及其他配合人员应穿戴防电弧能力不小于 6.8cal/cm^2 的防电弧服装。检查时，需核对服装上的标注。现

图 4-7 工器具及材料摆放

场作业需佩戴与防电弧服相应防护等级的防电弧手套即三合一手套，即绝缘、防电弧、防刺穿。手套需进行外观检查、充气试验，还应检查试验标签，确认试验合格且在有效期内方可使用。低压不停电作业还应佩戴与防电弧服相应防护等级的防电弧面屏，在现场需对外观、试验标签等进行检查。对于个人防护用具绝缘鞋套也应仔细进行外观检查。

另外，作业人员应戴清洁、干燥的手套，使用清洁、干燥毛巾对绝缘毯进行擦拭并进行外观检查，如图 4-8 所示。绝缘操作工具也需逐一进行检查，检查时确保表面不应磨损、变形损坏，操作应灵活，如图 4-9 所示。禁止使用锉刀、金属尺和带有金属物的毛刷、毛掸等工具。

图 4-8　绝缘毯外观检查

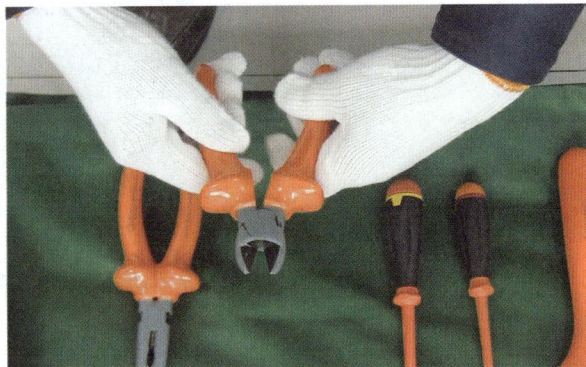

图 4-9　绝缘操作工具检查

　　检查完工器具后，还应对现场使用的仪器仪表进行检查，如验电器、钳形电流表等。同时，需对工作涉及的设备、材料进行检查，智能融合终端、电流互感器应外观良好，型号规格正确，如图 4-10 和图 4-11 所示。智能融合终端外观良好、条形码、ID、SIM 卡信息正确。开口式电流互感器外观完整、资产编号、变比等信息正确。用仪表测量互感器一次、二次回路可靠性，同一组互感器的极性方向应一致。

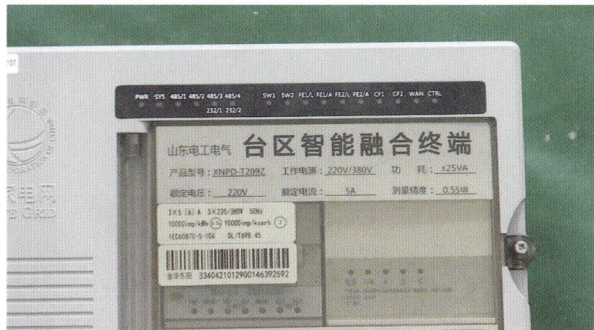

图 4-10　智能融合终端检查

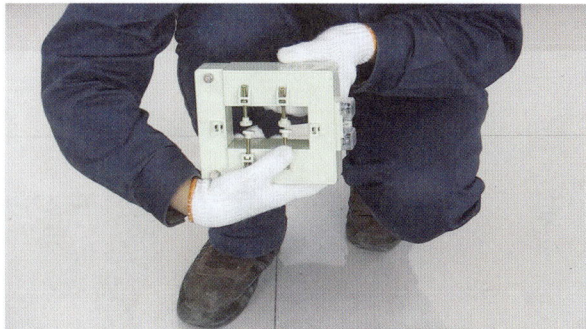

图 4-11　开口式电流互感器

五、穿戴个人安全防护用品

在配电柜附近作业时，现场作业人员安全防护用品穿戴应注意以下三点：

（1）工作负责人（监护人）、作业人员及其他配合人员穿戴相应防护等级的防电弧服装、防电弧手套、鞋罩，佩戴护目镜或防电弧面屏，穿戴好后相互检查；

（2）个人电弧防护用品和人员绝缘防护用具在低压配网不停电作业中应配合使用，使用时应将绝缘防护用具穿戴在个人电弧防护用品外，以确保人员不会受到电气伤害或触发短路。

（3）作业过程中不得摘下绝缘手套及其他防护用具。

图 4-12 为现场作业人员的规范着装，供参考。

图 4-12　现场作业人员的规范着装

第二节　操作步骤

一、验电

在获得工作负责人许可开始作业后，作业人员接触柜门前应验明柜体确无电压（验电前需确认验电器正常），如图 4-13 所示。用低压验电笔时，不能戴手套验电；用验电器验电时，须戴绝缘手套，且手不得越过护环或手持部分的界限。验明确无电压后，拆除封印后，即可打开柜门，如图 4-14 所示。

图 4-13　作业人员验明柜体确无电压

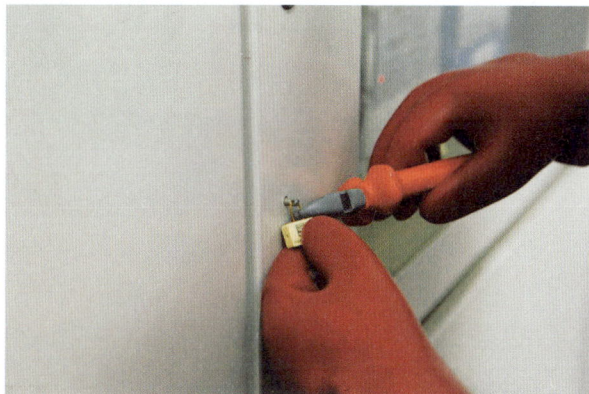

图 4-14　拆除配电柜柜门封印

二、绝缘遮蔽

绝缘遮蔽时作业人员按照"由近到远、从下到上、先带电体后接地体"的原则对作业区域进行绝缘遮蔽。对作业区域进行绝缘遮蔽，绝缘遮蔽应严密完整。如图 4-15 所示，毯夹应选择合适的位置，且固定牢固。

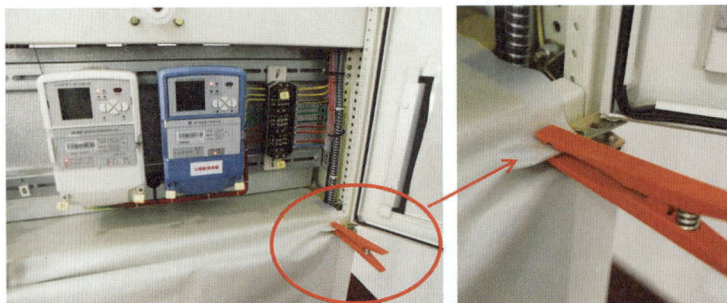

图 4-15　对作业区域进行绝缘遮蔽

三、检查原配变终端及二次回路

如图 4-16、图 4-17 所示，获得工作负责人许可后，作业人员用万用表检查联合接线盒电源侧二次回路连接线是否正确，方向套编号是否对应，同时检查联合接线盒电流、电压回路连接片及螺丝是否完好，有无烧灼痕迹。检查联合接线盒、原配变终端、集中器之间的二次回路是否完好。

检查完接线后，还应对待更换的配变终端进行检查，检查其是否正常运行，如图 4-18 所示。获得工作负责人许可后，作业人员操作原配变终端面板按钮，在《电能计量装接单》上记录原配变终端当前正向有功电量、当前反向有功电量、瞬时功率、更换开始时间等数据。

图 4-16　二次回路连接线检查

图 4-17　联合接线盒检查

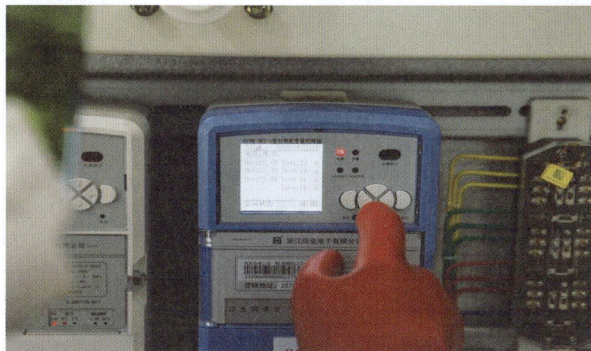

图 4-18　待更换配变终端检查

四、拔出原配变终端通信 SIM 卡

获得工作负责人许可后，作业人员拆除封印，分别打开原配变终端面板和 I 型集中器面板（盖板），拔出通信模块，如图 4-19 所示，通信模块拔出后，取出其中的 SIM 卡保存，使原配变终端、I 型集中器失去通信，禁止再把 SIM 卡插回去。拔出原终端通信模块如图 4-20 所示。

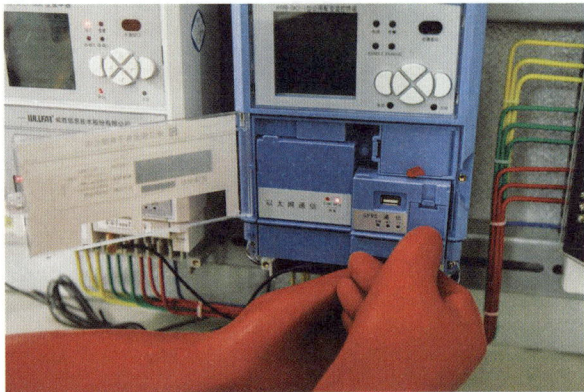

图 4-19　拔出原配变终端通信模块

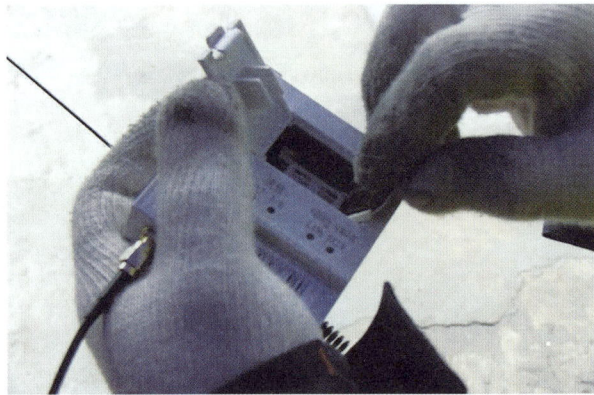

图 4-20　拔出原配变终端通信 SIM 卡

五、原配变终端退出运行

获得工作负责人许可后，作业人员拆除封印打开联合接线盒盖板。如图 4-21 所示，逐相合上联合接线盒 A、B、C 相电流连接片。如图 4-22 所示，逐相断开联合接线盒 A、B、C、N 相电压连接片。

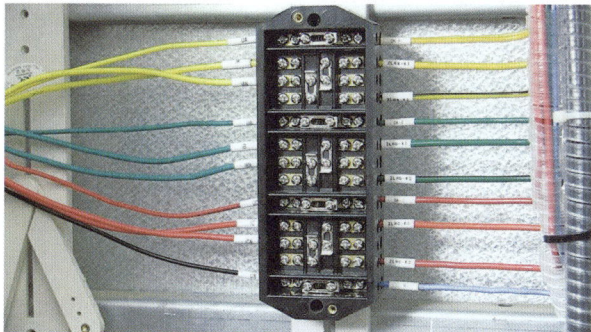

图 4-21　合上联合接线后电流连接片

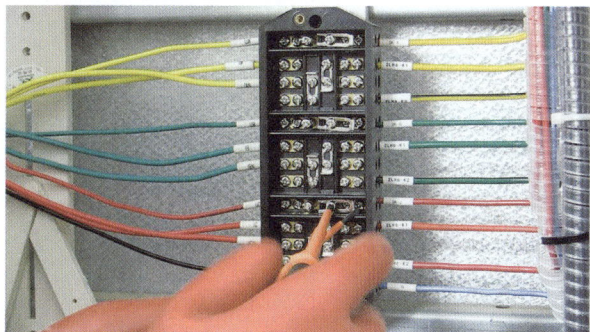

图 4-22　逐相断开电压连接片

获得工作负责人许可后，作业人员拆除联合接线盒与原配变终端二次回路接线，每拆除一相立即对导线端部金属裸露部分进行绝缘包裹遮蔽措施，防止短路或接地。拆除联合接线盒与原配变终端二次回路接线如图 4-23 所示。

图 4-23　拆除联合接线盒与原配变终端二次回路接线

如图 4-24 所示，拆除固定螺丝，取下原配变终端和 I 型集中器本体就完成了原配变终端的拆除工作。另外，如图 4-25 所示，需将拆下来的 I 型集中器载波模块取出，插入智能融合终端，从而实现营配融合。

六、安装智能融合终端

目测安装位置，固定安装智能融合终端，如图 4-26 所示。智能融合终端应垂直安装，倾斜度不超过 1°，与外壳及周围结构件之间不应小于 40mm ；与联合接线盒之间不应小于 80mm。

图 4-24　拆除原配变终端和 I 型集中器本体

图 4-25　载波模块插入新型智能融合终端

　　获得工作负责人许可后，作业人员将智能融合终端的成套线束两端进行绝缘遮蔽，如图 4-27 所示。

　　作业人员将智能融合终端成套线束按方向套编号将电压、电流与联合接线盒连接，如图 4-28 所示，二次导线不得露铜，螺丝不得压在绝缘层上。如有智能剩余电流动作保护器、断路器、智能电容器等设备有接入功能的需接入信号线。完成联合接线盒侧接线后，经工作负责人许可，作业人员拆除融合终端的成套线束航空插头绝缘遮蔽，把航空插头与智能融合终端接口相连，连接应牢固可靠如图 4-29 所示。

　　如图 4-30 所示，获得工作负责人许可后，作业人员将工业级 SIM 卡插入通信模块"双 4G+ 北斗"卡槽，同时检查载波通信模块，插入载波通信槽口且接触紧密。

　　接下来，如图 4-31 所示，连接北斗、4G 天线，并根据信号强度，选择适当的天线位置。天线的中

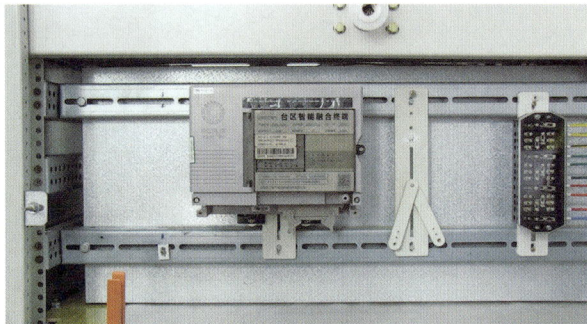

图 4-26　固定新型智能融合终端本体

图 4-27　成套线束两端进行绝缘遮蔽

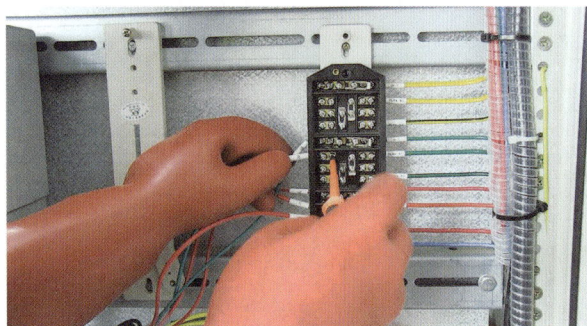

图 4-28　成套线束接入联合接线盒

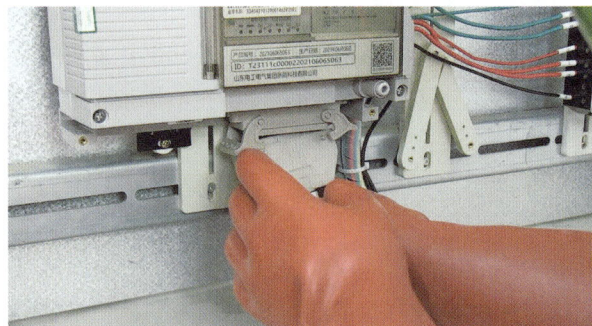

图 4-29　航空插头与智能融合终端接口相连

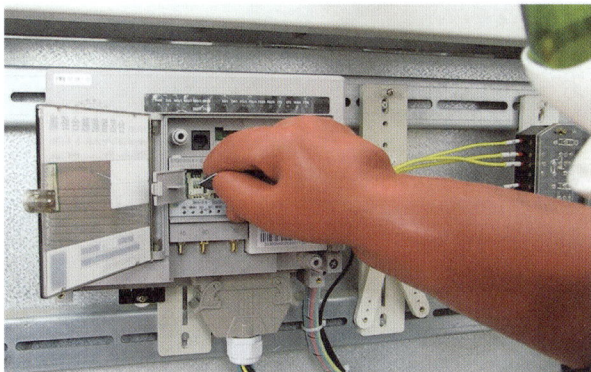

图 4-30　SIM 卡插入通信模块

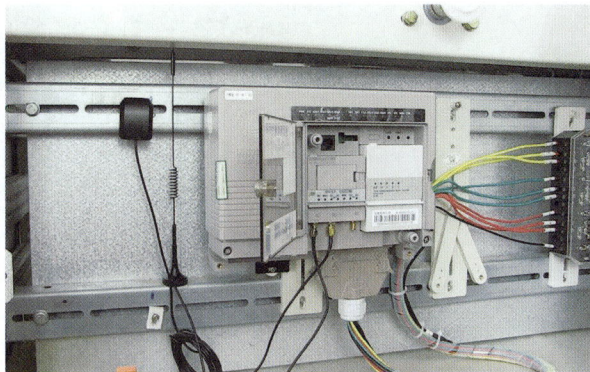

图 4-31　安装智能融合终端天线

间线应放置妥当，天线过长时应绑扎并固定，穿过柜门时不能因太紧而压坏天线，并盖上智能融合终端盖板。

七、智能融合终端投入运行

获得工作负责人许可后，作业人员操作联合接线盒，按照 N、C、B、A 的顺序逐相合上联合接线盒电压连接片，如图 4-32 所示，断开各相电流连接片，将智能融合终端投入运行，记录更换结束时间，并盖上联合接线盒盖板。

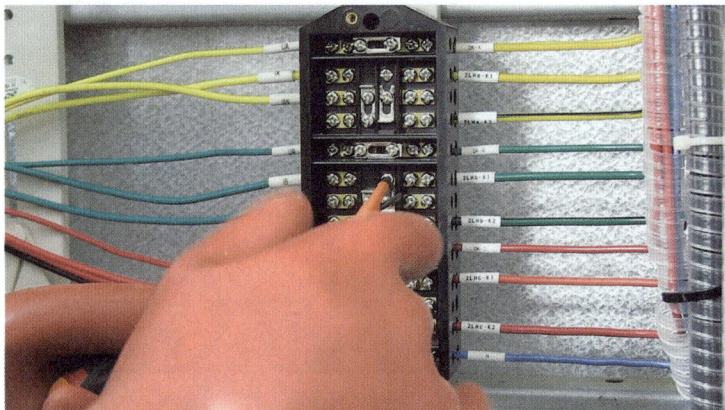

图 4-32　合上电压连接片并断开电流连接片

　　新型智能融合终端接入后，检查智能融合终端电源灯、通信指示灯、4G 模块等亮灯工况信息，包括但不仅限于检查融合终端 PWR、2G/3G、WAN 指示灯及载波通信模块在正常状态，如图 4-33~图 4-35 所示。完成检查后对智能融合终端、联合接线盒等加封封印，记录封印编号，如图 3-36 所示。

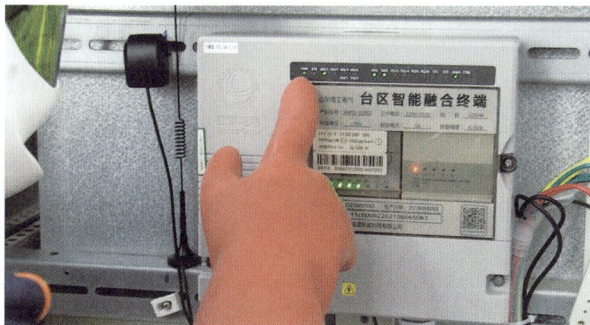

图 4-33 检查 PWR 电源指示灯状态

图 4-34 检查 2G/3G、WAN 指示灯状态

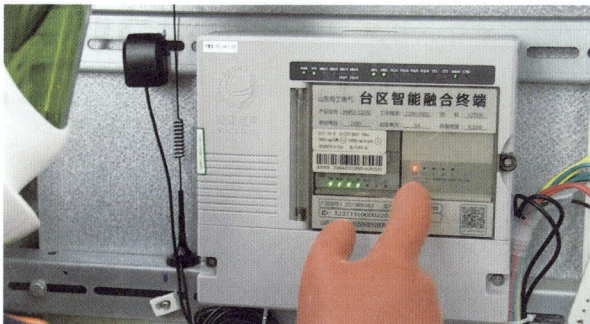

图 4-35 检查载波通信模块指示灯

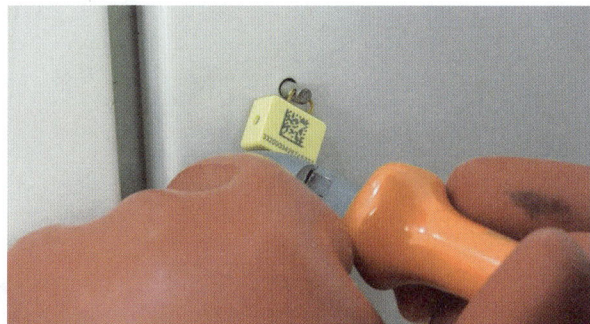

图 4-36 对智能融合终端、联合接线盒等加封封印

八、拆除绝缘遮蔽

获得工作负责人的许可后，作业人员按照设置绝缘遮蔽相反的顺序拆除开关柜柜前绝缘遮蔽，如图 4-37 所示。拆除工作负责人全面检查作业质量，智能融合终端安装符合规范要求，确认作业现场工作完成无误、无工具、材料等遗留物。

图 4-37　拆除开关柜绝缘遮蔽

第三节 工作结束

一、整理工器具及清理现场

更换作业结束后，如图 4-38 和图 4-39 所示，工作负责人组织作业人员整理工具、材料，将工器具清洁后分类放置在专用工具箱（袋）内，撤除安全围栏，清理作业现场，做到工完料尽场地清。

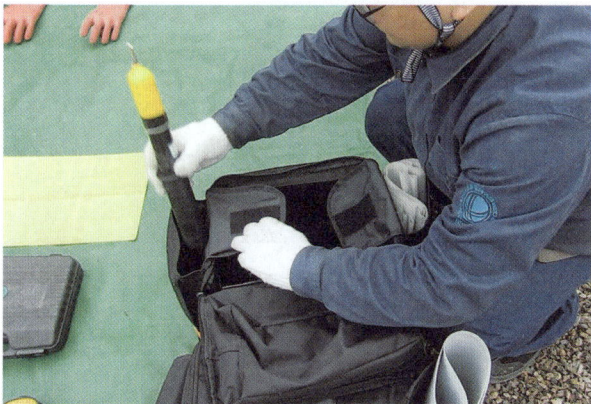

图 4-38 整理工器具

图 4-39 撤除安全围栏

二、召开班后会

工作负责人应组织作业人员召开班后会，如图 4-40 所示，总结和点评此次工作的施工质量、存在的问题以及工作班成员在作业中安全措施的落实情况、对规程的执行情况等内容。

图 4-40　召开班后会

三、办理工作终结手续

工作负责人向设备运维管理单位汇报工作结束，并终结工作票，如图 4-41 所示。汇报内容有：工作负责人姓名、工作班组名称、工作地点、工作任务结束时间、完成情况，如有自动重合功能的剩余电流保护装置应恢复其自动重合功能。

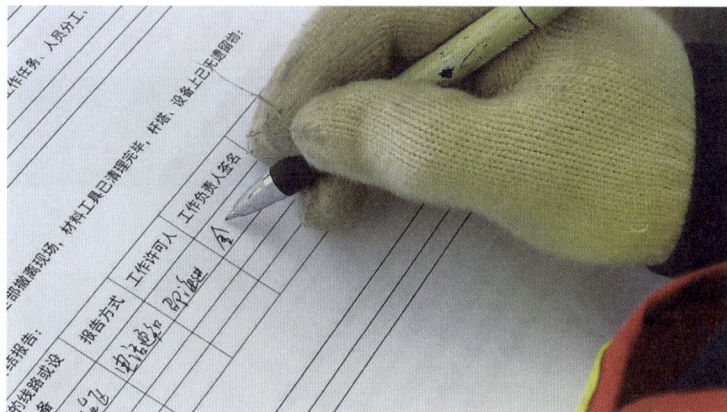

图 4-41　办理工作终结手续

第五章 柱上变压器台区智能融合终端不停电安装作业

配电网新型智能融合终端现场
不停电施工及调试操作手册

第一节　工作准备

一、执行工作许可制度

作业前核对施工台区柱上变压器双重名称无误；天气良好，无雷、雨、雪、大雾，风力不大于10.5m/s，相对湿度不大于80%及作业周围环境符合带电作业条件。工作负责人作业前和设备运维管理单位联系，办理工作许可手续，如图5-1所示。联系内容有：工作负责人姓名、工作班组名称、工作地

图 5-1　办理工作许可手续

点、工作任务、计划工作时间等。作业前应确认如有自动重合功能的剩余电流保护装置应退出其自动重合功能。

工作负责人得到设备运维管理单位许可后，应在工作票上记录许可时间，填写许可方式，一般为电话许可，并在工作负责人签名处签好本人姓名，如图5-2所示。

图 5-2　工作负责人在工作票上记录许可时间并签名

二、召开现场站班会

工作负责人现场列队宣读工作票，按照"三交三查"要求，交代工作任务（见图5-3）；交代安全措施、技术措施及作业方法，并告知安全措施、注意事项和危险点。检查工作班组成员精神状态是否良好，着装是否符合标准，安全工器具是否齐全并符合施工要求。工器具、着装如不符合要求，应立即更换。如作业当天出现明显精神和体力不适的情况时，应及时更换人员，不得强行要求作业。

　　作业人员清楚明白"三交三查"内容后在工作票上履行签名手续，如图5-3所示，签名字迹应清晰。

图5-3　召开站班会"三交三查"

三、布置工作现场

　　工作负责人组织作业人员设置安全围栏，安全围栏应设置合理，不应小于待检修作业范围，进出口大小合适，如图 5-4 所示。

图 5-4 作业人员设置安全围栏

围栏设置完成后，工作人员根据需要悬挂标示牌，如图 5-5 所示，标示牌应包括但不仅限于"从此进出""在此工作"。在道路边上工作时，道路两侧应放置"电力施工减速慢行"或"车辆绕行"警示标志牌或隔离路障。

另外，作业人员在作业现场应选择干燥、阴凉位置，将工器具及材料摆放在防潮苫布上，如图 5-6 所示。摆放时绝缘工器具不能与金属工器具、材料混放。

图 5-5　作业人员悬挂标示牌

图 5-6　工器具及材料摆放

四、检查绝缘工器具及材料

作业人员应穿戴防电弧能力不小于 $27.0cal/cm^2$ 的防电弧服装。配电柜附近的工作负责人（监护人）及其他配合人员应穿戴防电弧能力不小于 $6.8cal/cm^2$ 的防电弧服装。检查时，需核对服装上的标注。如图 5-7 所示 $27.0cal/cm^2$ 的防电弧服，图 5-8 所示 $12cal/cm^2$ 的防电弧服装。.

现场作业需佩戴与防电弧服相应防护等级的防电弧手套即三合一手套，即绝缘、防电弧、防刺穿。手套需进行外观检查、充气试验，还应检查试验标签，确认试验合格且在有效期内方可使用。低压不停电作业还应佩戴与防电弧服相应防护等级的防电弧面屏，在现场需对外观、试验标签等进行检查。对于

图 5-7　27.0cal/cm² 防电弧服

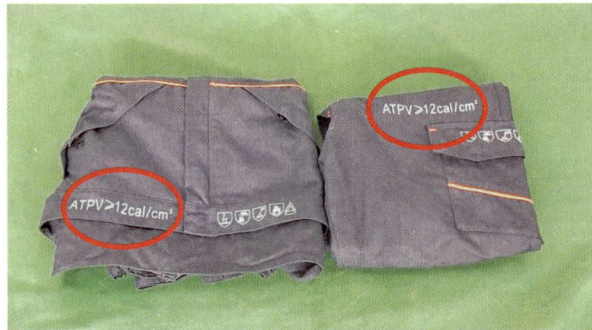

图 5-8　12cal/cm² 的防电弧服装

个人防护用具绝缘鞋套也应仔细进行外观检查。

　　作业人员戴清洁、干燥的手套，使用清洁、干燥毛巾对绝缘毯进行擦拭并进行外观检查，如图 5-9 所示。作业人员还需对绝缘操作工具逐一进行检查，检查时确保表面不应磨损、变形损坏，操作应灵活，如图 5-10 所示。禁止使锉刀、金属尺和带有金属物的毛刷、毛掸等工具。

　　作业用绝缘梯应牢固完好，并装有防滑措施。单梯的横档应嵌在支柱上，并在距梯顶 1m 处设限高标志，双字梯应有限制开度的措施。示范中采用的为单梯，如图 5-11 所示；在使用前需要进行外观检查，同时检查试验标签，应使用试验合格且在试验有效期内的绝缘梯。

　　检查完工器具后，还应对现场使用的仪器仪表进行检查，如验电器、钳形电流表等。同时，需对工

图 5-9　对绝缘毯进行擦拭及检查外观

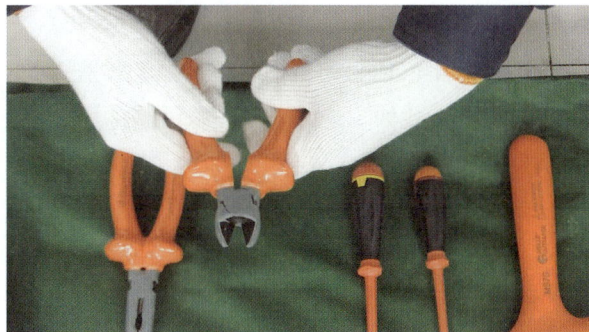

图 5-10　绝缘操作工具检查

图 5-11　绝缘梯检查

作涉及的设备、材料进行检查。如图 5-12 所示，检查智能融合终端应外观良好，型号、规格、条形码、ID、SIM 卡信息正确。如图 5-13 所示，检查开口式电流互感器外观完整、资产编号、变比等信息正确，用仪表测量互感器一次、二次回路可靠性，同一组互感器的极性方向应一致。对于设备附件也需检查，如图 5-14 所示。检查成套线束方向套与航空插头孔用万用表进行逐根核对，防止方向套与航空插头孔不对应。

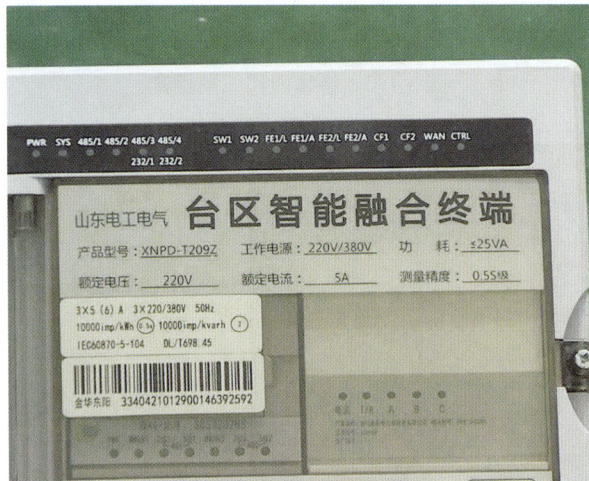

图 5-12　智能融合终端检查

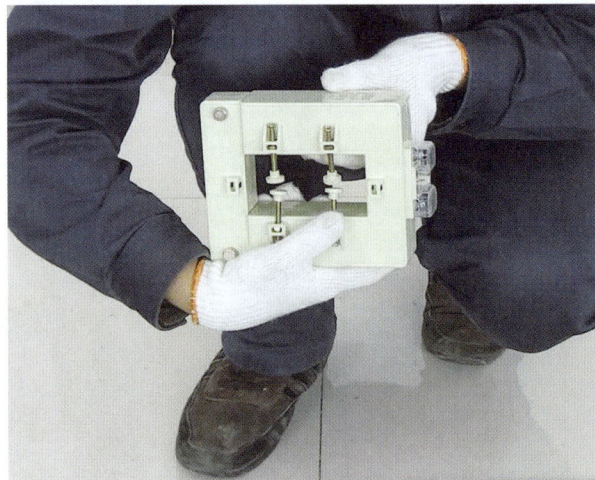

图 5-13　开口式电流互感器检查

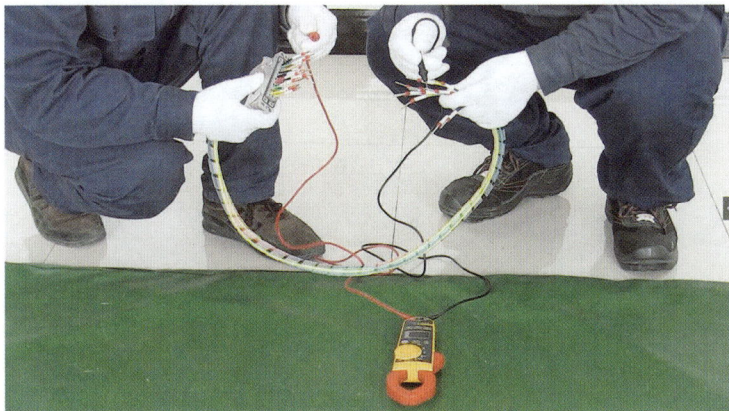

图 5-14　检查成套线束方向套

五、穿戴个人安全防护用品

在配电柜附近作业时，工作负责人（监护人）、作业人员及其他配合人员穿戴相应防护等级的防电弧服装、防电弧手套、鞋罩，佩戴护目镜或防电弧面屏，穿戴好后相互检查，如图 5-15 所示。

个人电弧防护用品和人员绝缘防护用具在低压配网不停电作业中应配合使用，使用时应将绝缘防护用具穿戴在个人电弧防护用品外，以确保人员不会受到电气伤害或触发短路。作业过程中不得摘下绝缘手套及其他防护用具。

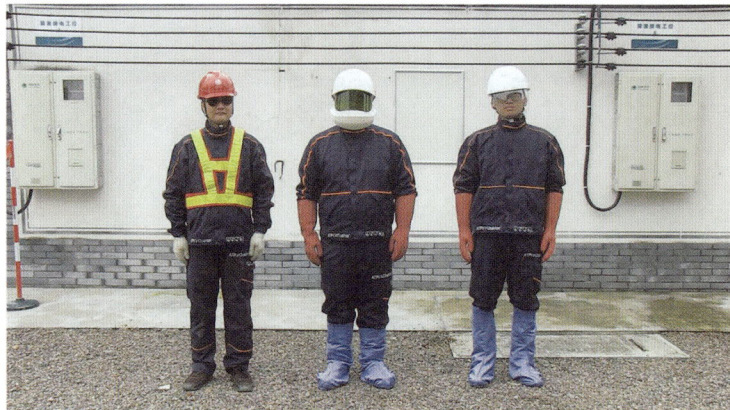

图 5-15 现场作业人员的规范着装

第二节 操作步骤

一、验电

获得工作负责人许可后，作业人员接触柜门前应验明柜体确无电压，如图 5-16 所示验电前需确认验电器正常。用低压验电笔时，不能戴手套验电，用声光验电器验电时，手不得越过护环或手持部分的界限。图 5-16 中，作业人员对架空柱上变台区的低压综合配电柜进行验电，使用的是 0.4kV 的低压验电器，并在测量时按要求正确佩戴了绝缘手套。

图 5-16　验明柜体确无电压

二、绝缘遮蔽

验明柜体无电后，作业人员登上绝缘梯进行作业，如图 5-17 所示。在梯子上作业时，梯子应有人全程扶持。

图 5–17 登上绝缘梯进行作业

作业人员到达作业位置后，拆除封印，打开柜门，对带电部位及柜体依次进行绝缘遮蔽，如图5–18和图 5–19 所示。

设置绝缘遮蔽时，按照从近到远的原则，从离身体最近的导体或构件开始依次设置。所有未接地、未采取绝缘遮蔽、断开点未采取加锁挂牌等可靠措施进行隔离电源的低压线路和设备都应视为带电。

图 5-18　柜前绝缘遮蔽

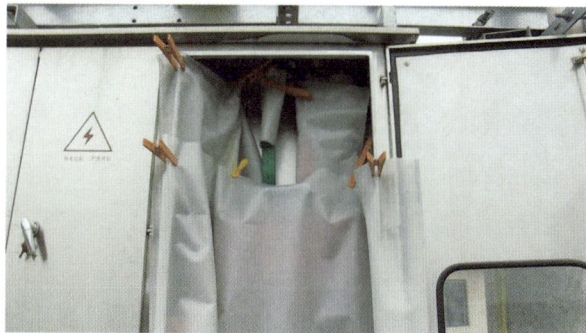

图 5-19　柜后绝缘遮蔽

三、检查及操作联合接线盒

获得工作负责人许可后，作业人员拆除封印打开联合接线盒盖板。逐相合上联合接线盒 A、B、C 相电流连接片，如图 5-20 所示。同时，逐相断开联合接线盒 A、B、C、N 相电压连接片，如图 5-21 所示。

四、安装智能融合终端

作业人员获得工作负责人许可后，目测安装位置，固定安装智能融合终端。如图 5-22 所示，智能融合终端应垂直安装，倾斜度不超过 1°，与外壳及周围结构件之间不应小于 40mm；与联合接线盒之间

图 5-20　合上联合接线盒 A、B、C 相电流连接片

图 5-21　逐相断开联合接线盒 A、B、C、N 相电压连接片

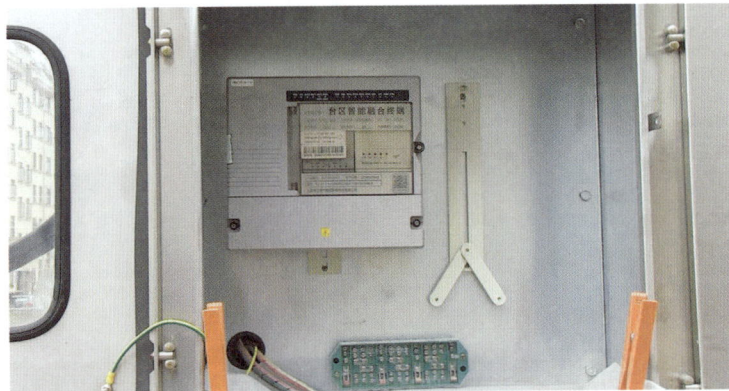

图 5-22　智能融合终端本体固定

不应小于 80mm。

五、安装线束

获得工作负责人许可后，作业人员将智能融合终端的成套线束两端进行绝缘遮蔽，如图 5-23 和图 5-24 所示。

图 5-23　束线航插端绝缘遮蔽

图 5-24　束线接线端绝缘套安装

获得工作负责人许可后，作业人员将智能融合终端成套线束按方向套编号将电压、电流线与联合接线盒连接，如图 5-25 所示。作业时，应符合接线工艺的要求，如图 5-26 所示。具体要求如下：

图5-25　作业人员将电压、电流线与联合接线盒连接

图5-26　联合接线盒接线工艺

（1）连接的二次导线不得露铜。

（2）螺丝不得压在绝缘层上。

（3）拧紧螺丝时力度适中。

（4）固定螺丝时，宜先固定内侧螺丝，再固定外侧螺丝。

　　另外，线束采用单股铜芯线时，单股铜芯线直径比联合接线盒端子孔小很多时，应将单股铜芯线线头对折，以便接触可靠。线束采用多股软铜芯线时，可压接接线端子后与联合接线盒进行连接。如智能剩余电流断路器、智能电容器等设备有接入功能时，应将智能剩余电流断路器、智能电容器等设备的信号线接入，接入时应防止误碰带电部位，接入前应查阅相关设备说明，并测试接入端有电压。

完成联合接线盒侧的接线后，作业人员拆除融合终端的成套线束航空插头绝缘遮蔽，把航空插头与智能融合终端接口相连，连接牢固可靠，如图 5-27 所示。

图 5-27　航空插头与智能融合终端接口相连

六、安装电流互感器

获得工作负责人许可后，作业人员端剥去绝缘层弯成压接圈。核对开口式电流互感器 S1、S2 位置，连接 S1、S2。连接时，压接圈的形状与螺丝大小匹配，其弯曲方向必须与螺栓拧紧方向一致，导线绝缘层不得压入垫圈内，盖上电流互感器盖板并封印，如图 5-28 所示按照一次电流从 P1 进 P2 出的要求牢固安装电流互感器。

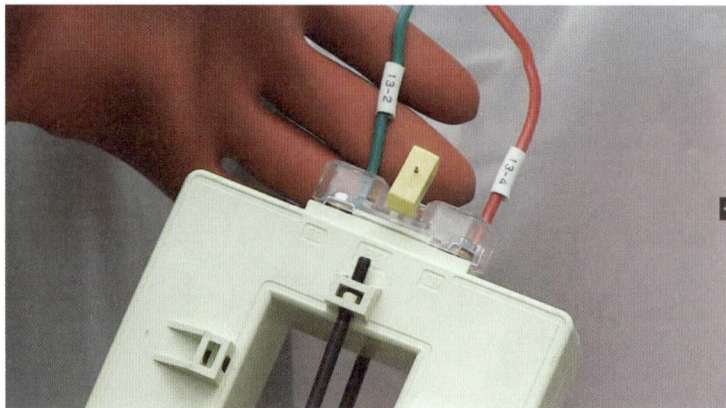

图 5-28　连接 S1、S2 后盖上电流互感器盖板并封印

七、取电压

智能融合终端电压接入，也就是取电压的具体作业流程如下：

理清二次导线→量取长度→剥去绝缘层→先反向折弯线芯至 90°，打弯做头→放入垫片→放入二次导线线头（压接圈弯曲方向应与螺丝放入方向相同）→再放上垫片和弹簧垫圈→拧紧固定。

　　通过上述流程，示例中的低压配电柜 B 相取电压的接线如图 5-29 所示，采用同样的方法接好其他二相电压线。母排上螺丝长度足够长时，可以直接在母排螺丝上取电压。严禁直接将二次导线和一次导线用同一个螺帽压接，拧紧后，螺栓应露出螺纹 2~5 牙。

图 5-29　低压配电柜取电压接线

八、安装集抄模块、SIM 卡

作业人员将载波通信模块插入载波通信槽口后，将工业级 SIM 卡插入通信模块"双 4G+ 北斗"卡槽，如图 5-30 所示。获得工作负责人许可后，作业人员安装北斗、4G 天线，并根据信号强度，选择适当的天线位置。天线的中间线应放置妥当，过长时应捆扎并固定，穿过柜门时不能因太紧而压坏天线，并盖上智能融合终端盖板。

图 5-30　将工业级 SIM 卡插入通信模块

九、智能融合终端投入运行

获得工作负责人许可后，作业人员操作联合接线盒，按照 N、C、B、A 的顺序逐相合上联合接线盒电压连接片。断开各相电流连接片，将智能融合终端投入运行，记录更换结束时间，并盖上联合接线盒盖板。

完成上述工作后，作业人员检查智能融合终端电源灯、指示灯、4G 模块等亮灯工况信息，检查 PWR、2G/3G、WAN 指示灯在正常状态，如图 5-31 所示。

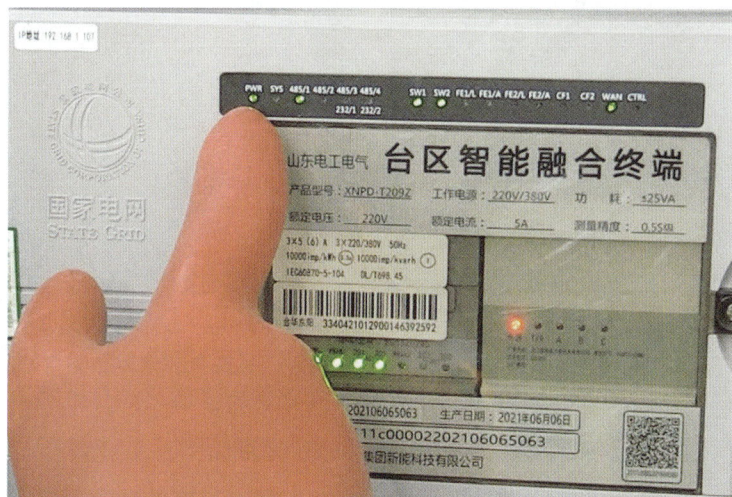

图 5-31　作业人员检查智能融合终端工况信息

确认指示灯正常后，作业人员对智能融合终端、联合接线盒等加封封印，记录封印编号如图 5-32 所示。

图 5-32　作业人员对智能融合终端加封封印

十、拆除绝缘遮蔽并离开作业区域

获得工作负责人的许可后，作业人员按照设置绝缘遮蔽相反的顺序拆除绝缘遮蔽装置，如图 5-33 所示。作业人员确认智能融合终端安装符合规范要求，现场无遗留物后撤离带电作业区域。工作负责人全面检查作业质量，智能融合终端安装符合规范要求，确认作业现场工作完成无误、无工具、材料等遗留物。

图 5-33　作业人员拆除绝缘遮蔽装置

第三节　工作结束

一、整理工器具及清理现场

工作负责人组织作业人员整理工具、材料，将工器具清洁后分类放置在专用工具箱（袋）内，如图

5-34 所示。撤除安全围栏，清理作业现场，做到工完料尽场地清。

图 5-34　整理工器具

二、召开班后会

工作负责人组织作业人员召开班后会，如图 5-35 所示，总结和点评此次工作的施工质量、存在的问题以及工作班成员在作业中安全措施的落实情况、对规程的执行情况等内容。

图 5-35　召开班后会

三、办理工作终结手续

工作负责人向设备运维管理单位汇报工作结束，汇报内容有：工作负责人姓名、工作班组名称、工作地点、工作任务结束时间、完成情况，如有自动重合功能的剩余电流保护装置应恢复其自动重合功能。汇报完毕后，经运维单位确认终结后，签名终结该工作票。办理工作终结手续如图 5-36所示。

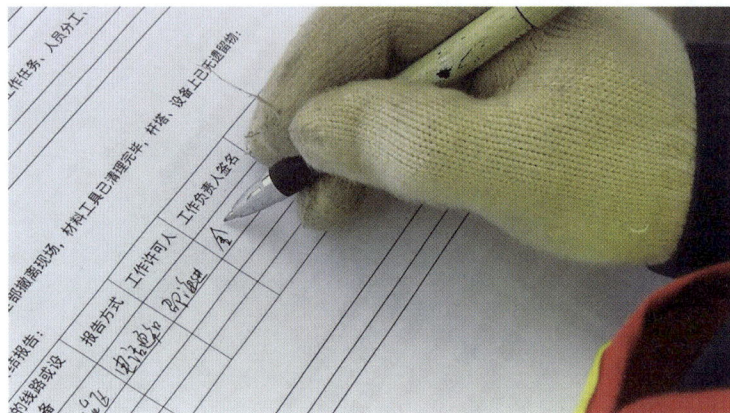

图 5-36 办理工作终结手续

第六章　柱上变压器台区智能融合终端不停电更换作业

配电网新型智能融合终端现场
不停电施工及调试操作手册

第一节 工作准备

一、执行工作许可制度

作业前核对施工台区柱上变压器双重名称无误；天气良好，无雷、雨、雪、大雾，风力不大于10.5m/s，相对湿度不大于80%及作业周围环境符合带电作业条件。工作负责人作业前和设备运维管理单位联系，办理工作许可手续，如图6-1所示。联系内容有：工作负责人姓名、工作班组名称、工作地

图6-1 办理工作许可手续

点、工作任务、计划工作时间等。作业前应确认如有自动重合功能的剩余电流保护装置应退出其自动重合功能。

工作负责人得到设备运维管理单位许可后，应在工作票上记录许可时间，如图 6-2 所示。

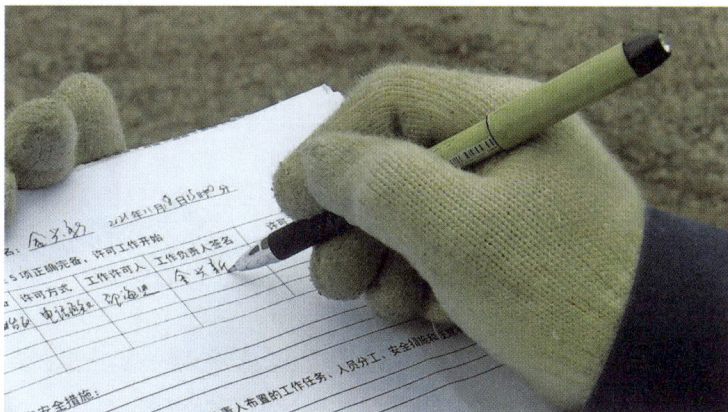

图 6-2　工作负责人在工作票上记录许可时间并签名

二、召开现场站班会

工作负责人现场列队宣读工作票，按照"三交三查"要求，交代工作任务。"三交三查"内容包括：

交代工作任务；交代安全措施、技术措施及作业方法；交代注意事项和危险点；检查工作班组成员精神状态是否良好；检查着装是否符合标准；检查安全工器具是否齐全并符合施工要求。作业人员清楚明白"三交三查"内容后在工作票上履行签名手续，如图 6-3 所示。签名字迹应清晰。

图 6-3　作业人员在工作票上履行签名手续

三、布置工作现场

工作负责人组织作业人员设置安全围栏，安全围栏应设置合理，不应小于待检修作业范围，进出口大小合适，如图 6-4 所示。

图 6-4　作业人员设置安全围栏

围栏设置完成后，工作人员根据需要悬挂标示牌，如图 6-5 所示，标示牌应包括但不仅限于"从此进出""在此工作"。在道路边上工作时，道路两侧应放置"电力施工减速慢行"或"车辆绕行"警示标志牌或隔离路障。

另外，作业人员在作业现场应选择干燥、阴凉位置，将工器具及材料摆放在防潮苫布上，如图 6-6 所示。摆放时绝缘工器具不能与金属工器具、材料混放。

图 6-5　作业人员悬挂标示牌

图 6-6　工器具及材料摆放

四、检查绝缘工器具及材料

作业人员应穿戴防电弧能力不小于 27.0cal/cm^2 的防电弧服装，如图 6-7 所示。配电柜附近的工作负责人（监护人）及其他配合人员应穿戴防电弧能力不小于 6.8cal/cm^2 的防电弧服装。检查时，需核对服装上的标注为 27cal/cm^2，其防电弧能力大于 6.8cal/cm^2，则可以使用。

现场作业需佩戴与防电弧服相应防护等级的防电弧手套即三合一手套，即绝缘、防电弧、防刺穿。手套需进行外观检查、充气试验，还应检查试验标签，确认试验合格且在有效期内方可使用。低压不停电作业还应佩戴与防电弧服相应防护等级的防电弧面屏，在现场需对外观、试验标签等进行检查。对于

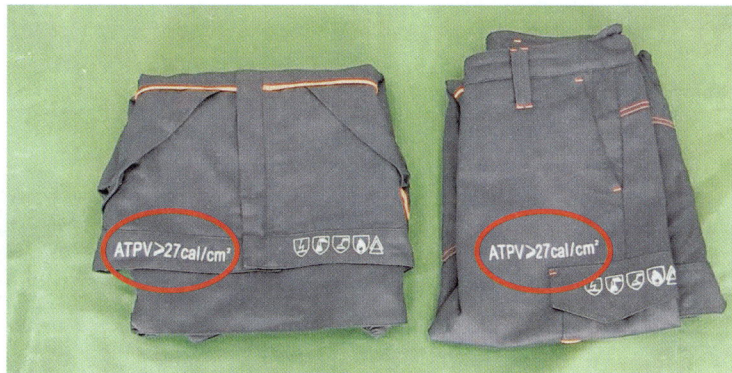

图 6-7 27.0cal/cm² 防电弧服

个人防护用具绝缘鞋套也应仔细进行外观检查。

　　作业人员戴清洁、干燥的手套，使用清洁、干燥毛巾对绝缘毯进行擦拭并进行外观检查，如图 6-8 所示。作业人员还需对绝缘操作工具逐一进行检查，检查时确保表面不应磨损、变形损坏，操作应灵活，如图 6-9 所示。禁止使锉刀、金属尺和带有金属物的毛刷、毛掸等工具。

　　作业用绝缘梯应牢固完好，并装有防滑措施。单梯的横档应嵌在支柱上，并在距梯顶 1m 处设限高标志，双字梯应有限制开度的措施。示范中采用的为单梯，如图 6-10 所示，在使用前需要进行外观检查，同时检查试验标签，应使用试验合格且在试验有效期内的绝缘梯。

图 6-8　对绝缘毯进行擦拭及检查外观

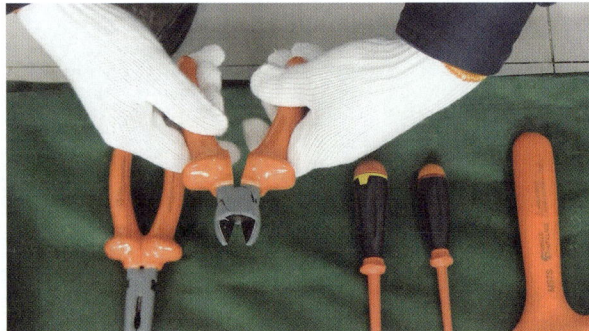

图 6-9　绝缘操作工具检查

图 6-10　绝缘梯检查

检查完工器具后，还应对现场使用的仪器仪表进行检查，如验电器、钳形电流表等。同时，需对工作涉及的设备、材料进行检查。如图 6-11 所示，检查智能融合终端应外观良好、型号、规格、条形码、ID、SIM 卡信息正确。

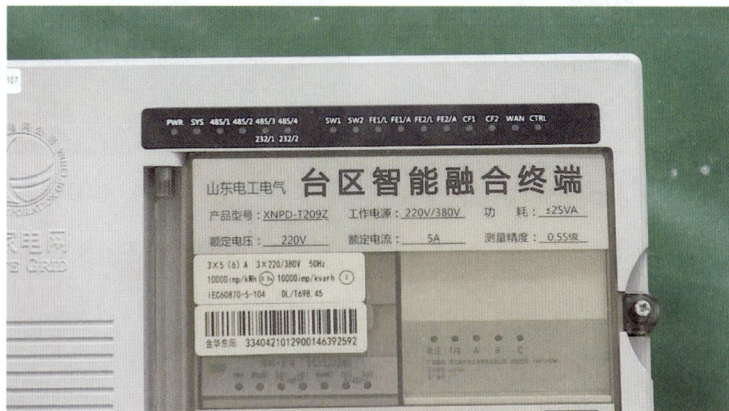

图 6-11　智能融合终端检查

对开口式电流互感器检查如图 6-12 所示，开口式电流互感器外观完整、资产编号、变比等信息正确，用仪表测量互感器一次、二次回路可靠性，同一组互感器的极性方向应一致。

对于设备附件也需检查，如图 6-13 所示，检查成套线束方向套与航空插头孔用万用表进行逐根核

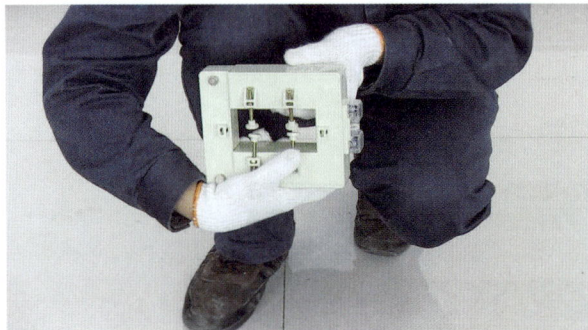

图 6-12　开口式电流互感器检查

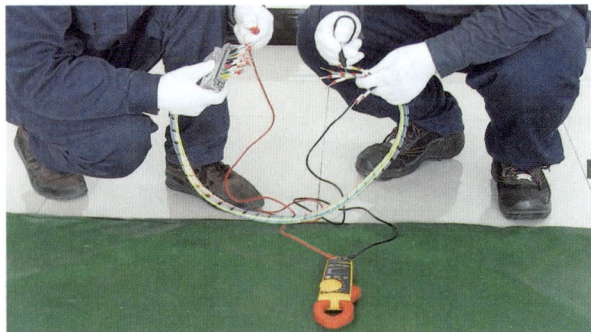

图 6-13　检查成套线束方向套

对，防止方向套与航空插头孔不对应。核对时，将万用表或钳形电流表的切换旋钮旋至电阻挡或蜂鸣挡，然后按照智能融合终端说明书中对航空插头的管脚定义，逐个进行确认核对。

五、穿戴个人安全防护用品

在配电柜附近作业时，工作负责人（监护人）、作业人员及其他配合人员穿戴相应防护等级的防电弧服装、防电弧手套、鞋罩，佩戴护目镜或防电弧面屏，穿戴好后相互检查。如图 6-14 所示。

个人电弧防护用品和人员绝缘防护用具在低压配网不停电作业中应配合使用，使用时应将绝缘防护用具穿戴在个人电弧防护用品外，以确保人员不会受到电气伤害或触发短路。作业过程中不得摘下绝缘手套及其他防护用具。

图 6-14　现场作业人员的规范着装

第二节　操作步骤

一、验电

获得工作负责人许可后，作业人员接触柜门前应验明柜体确无电压，如图 6-15 所示，验电前需确认验电器正常。注意：用低压验电笔时，不能戴手套验电；用验电器验电时，手不得越过护环或手持部分的界限。

图 6-15　验明柜体确无电压

二、绝缘遮蔽

验明柜体无电后，作业人员登上绝缘梯进行作业，如图 6-16 所示。在梯子上作业时，梯子应有人全程扶持。

图 6-16　登上绝缘梯进行作业

经工作负责人许可，作业人员到达作业位置后，作业人员拆除封印，打开柜门，对带电部位及柜体依次进行绝缘遮蔽，如图 6-17 所示。

设置绝缘遮蔽时，按照从近到远的原则，从离身体最近的导体或构件开始依次设置。所有未接地、未采取绝缘遮蔽、断开点未采取加锁挂牌等可靠措施进行隔离电源的低压线路和设备都应视为带电。

三、检查原配变终端二次回路

获得工作负责人许可后，作业人员检查联合接线盒、原配变终端、集中器各部位的封印是否完好，

图 6-17　设置绝缘遮蔽

如图 6-18 所示。检查联合接线盒电流、电压回路连接片及螺栓是否完好，有无烧灼痕迹，如图 6-19 所示。

　　接下来，检查联合接线盒、原配变终端、集中器之间二次回路是否完好，如图 6-20 所示。确认上述检查完好后，经工作负责人许可后，作业人员操作原配变终端面板按钮，如图 6-21 所示，在"电能计量装接单"上记录原配变终端当前正向有功电量、当前反向有功电量、瞬时功率、更换开始时间等数据。

图 6-18　检查各部位封印

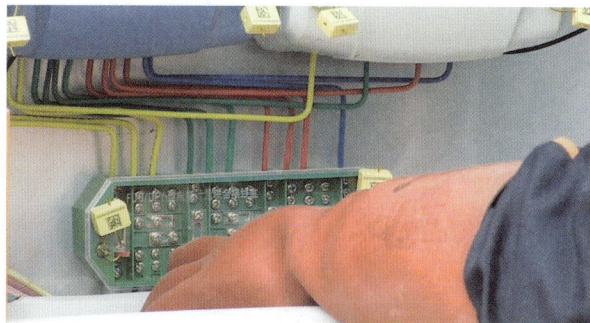

图 6-19　检查联合接线盒

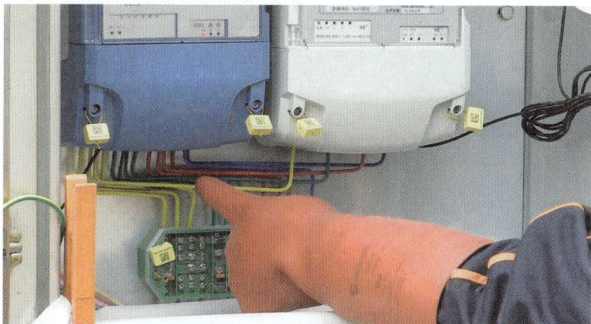

图 6-20　检查原配变终端二次回路接线

图 6-21　抄录底度及相关数据

四、拔出原配变终端通信 SIM 卡

获得工作负责人许可后，作业人员拆除封印，如图 6-22 所示，分别打开原配变终端面板和 I 型集中器面板（盖板），拔出通信模块。从通信模块中拔出 SIM 卡保存，如图 6-23 所示，使原配变终端、I 型集中器失去通信，禁止再把 SIM 卡插回去。

图 6-22　打开原配变终端面板和 I 型集中器面板

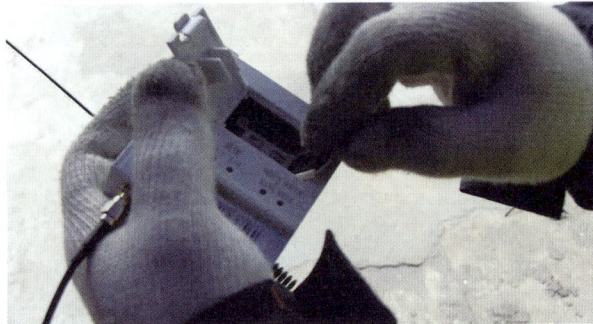

图 6-23　从通信模块中拔出 SIM 卡

五、原配变终端退出运行

获得工作负责人许可后，作业人员拆除封印打开联合接线盒盖板。逐相合上联合接线盒 A、B、C 相

电流连接片，如图 6-24 所示。

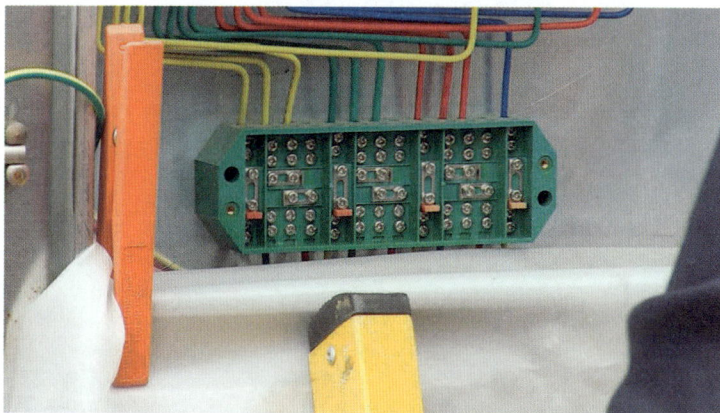

图 6-24　逐相合上联合接线盒电流连接片

接下来，逐相断开联合接线盒 A、B、C、N 相电压连接片，如图 6-25 所示。

获得工作负责人许可后，作业人员拆除联合接线盒与原配变终端二次回路接线，每拆除一相立即对导线端部金属裸露部分进行绝缘包裹遮蔽措施，如图 6-26 所示，从而防止短路或接地。接下来，拆除固定螺丝，取下原配变终端和 I 型集中器本体，如图 6-27 所示。

图 6-25　逐相断开联合接线盒电压连接片

图 6-26　拆除联合接线盒与原配变终端二次回路接线

图 6-27　取下原配变终端和 I 型集中器本体

六、安装智能融合终端

将拆下来的Ⅰ型集中器载波模块插入智能融合终端，如图 6-28 所示，实现营配融合。然后经工作负责人许可，作业人员目测安装位置，固定安装智能融合终端，如图 6-29 所示，智能融合终端应垂直安装，倾斜度不超过 1°，与外壳及周围结构件之间不应小于 40mm；与联合接线盒之间不应小于 80mm。

图 6-28　载波模块插入智能融合终端

图 6-29　智能融合终端本体安装固定

获得工作负责人许可后，作业人员将智能融合终端的成套线束两端进行绝缘遮蔽，如图 6-30 和图 6-31 所示。

图 6-30　线束航插端绝缘遮蔽

图 6-31　线束接线端绝缘遮蔽

获得工作负责人许可后，作业人员将智能融合终端成套线束按方向套编号将电压、电流线与联合接线盒连接。图 6-32 中，作业人员拆除成套束线接线端其中一个端头的绝缘套，并按照套线管的标注与联合接线盒对应端子连接。当所有端子都依次接入完成后，智能融合终端成套线束与联合接线盒的接线作业完成。

注意：连接的二次导线不得露铜；螺丝不得压在绝缘层上；拧紧螺丝时力度适中；固定螺丝时，宜先固定内侧螺丝，再固定外侧螺丝。

线束采用单股铜芯线时，单股铜芯线直接小于联合接线盒端子孔较多时，应将单股铜芯线线头对折，以便接触可靠。线束采用多股软铜芯线时，可压接接线端子后与联合接线盒进行连接。

图 6-32　作业人员将电压、电流线与联合接线盒连接

　　获得工作负责人许可后，作业人员拆除融合终端的成套线束航空插头绝缘遮蔽，把航空插头与智能融合终端接口相连，如图 6-33 所示，连接牢固可靠。

　　如智能剩余电流断路器、智能电容器等设备有接入功能时，应将智能剩余电流断路器、智能电容器等设备的信号线接入，接入时应防止误碰带电部位，接入前应查阅相关设备说明，并测试接入端无电压。

图 6-33　航空插头与智能融合终端接口相连

七、安装 SIM 卡及天线

　　获得工作负责人许可后，作业人员将工业级 SIM 卡插入通信模块"双 4G+ 北斗"卡槽，如图 6-34 所示。接下来，经工作负责人许可，作业人员安装北斗、4G 天线，并根据信号强度，选择适当的天线位置，4G 天线信号强度一般通过智能手机估测。天线的中间线应放置妥当，过长时应捆扎并固定，穿过柜门时不能因太紧而压坏天线，完成天线安装后要盖上智能融合终端盖板。

图 6-34　将工业级 SIM 卡插入通信模块

八、智能融合终端投入运行

获得工作负责人许可后，作业人员操作联合接线盒，如图 6-35 所示，将按照 N、C、B、A 的顺序逐相合上联合接线盒电压连接片。断开各相电流连接片，将智能融合终端投入运行，记录更换结束时间，并盖上联合接线盒盖板。

完成上述工作后，作业人员检查智能融合终端电源灯、指示灯、4G 模块等亮灯工况信息，检查 PWR、2G/3G、WAN 指示灯在正常状态，如图 6-36 所示。

图 6-35　作业人员操作联合接线盒

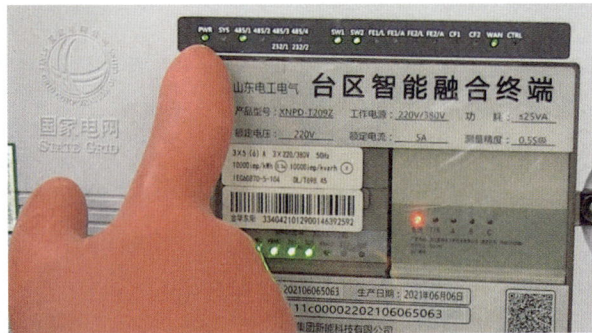

图 6-36　作业人员检查智能融合终端工况信息

确认指示灯正常后，如图 6-37 所示，作业人员对智能融合终端、联合接线盒等加封封印，记录封印编号。

九、拆除绝缘遮蔽并离开作业区域

获得工作负责人的许可后，作业人员按照设置绝缘遮蔽相反的顺序拆除绝缘遮蔽，如图 6-38 所示。拆除后作业人员确认智能融合终端安装符合规范要求，现场无遗留物后撤离带电作业区域。

工作负责人应全面检查作业质量，智能融合终端安装符合规范要求，确认作业现场工作完成无误、无工具、材料等遗留物。

图 6-37　作业人员对智能融合终端加封封印

图 6-38　作业人员拆除绝缘遮蔽

第三节　工作结束

一、整理工器具及清理现场

如图 6-39~ 图 6-41 所示，工作负责人组织作业人员整理工具、材料，将工器具清洁后分类放置在专用工具箱（袋）内，撤除安全围栏和标示牌，清理作业现场，做到工完料尽场地清。

图 6-39　整理工器具

图 6-40　撤除安全围栏

图 6-41　清理作业现场

二、召开班后会

工作负责人组织作业人员召开班后会，如图 6-42 所示，总结和点评此次工作的施工质量、存在的问题以及工作班成员在作业中安全措施的落实情况、对规程的执行情况等内容。

图 6-42　召开班后会

三、办理工作终结手续

工作负责人向设备运维管理单位汇报工作结束，经运维管理单位确认可以终结后，签名终结工作票，如图 6-43 所示。汇报内容有：工作负责人姓名、工作班组名称、工作地点、工作任务结束时间、完成情况，如有自动重合功能的剩余电流保护装置应恢复其自动重合功能。

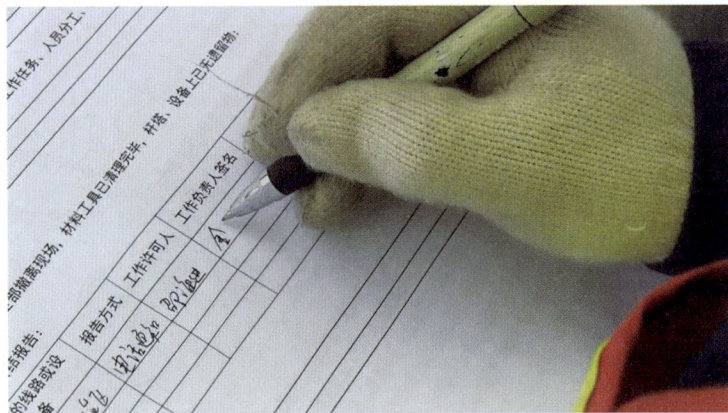

图 6-43　办理工作终结手续

第七章 箱式变压器台区智能融合终端不停电安装作业

配电网新型智能融合终端现场
不停电施工及调试操作手册

第一节　工作准备

一、执行工作许可制度

作业前核对施工箱式变压器上双重名称无误；确认天气良好，无雷、雨、雪、大雾，且风力不大于
10.5m/s，相对湿度不大于80%，确认作业周围环境符合带电作业条件。工作负责人作业前和设备运维管
理单位联系，如图7-1所示，办理工作许可手续。联系内容有：工作负责人姓名、工作班组名称、工作

图 7-1　办理工作许可手续

地点、工作任务、计划工作时间等。

　　在得到设备运维管理单位许可后，工作负责人应在工作票上记录许可时间，并签名。如设备有重合闸装置确认已退出。

二、召开现场站班会

　　工作负责人现场列队宣读工作票，如图 7-2 所示。按照"三交三查"要求，交代工作任务、安全措施、技术措施及作业方法，并告知安全措施、注意事项和危险点。检查工作班组成员精神状态是否良好，着装是否符合标准。检查安全工器具、个人工器具是否齐全并符合施工要求，如图 7-3 所示。作业人员

图 7-2　工作负责人现场列队宣读工作票

图 7-3　检查个人工器具

清楚明白"三交三查"内容后在工作票上履行确认签名手续，如图 7-4 所示，签名字迹应清晰。

图 7-4　作业人员在工作票上确认签名

三、布置工作现场

工作负责人组织作业人员设置安全围栏、安全标示牌。工作场所周围应装设遮栏（围栏），如图 7-5 所示，安全围栏应设置合理，不应小于待检修范围，进出口大小合适。标示牌应包括但不仅限于"从此进出""在此工作"等，道路两侧应有"减速慢行"或"车辆绕行"警告牌或隔离路障，如图 7-6 所示。

图 7-5　工作场所周围装设围栏

图 7-6　装设标示牌

作业人员在作业现场应选择干燥、阴凉位置。将工器具及材料摆放在防潮苫布上。摆放时绝缘工器具不能与金属工具、材料混放，如图 7-7 所示。

四、检查绝缘工器具及材料

作业人员使用清洁干燥毛巾逐件对绝缘工器具进行擦拭并进行外观检查，如图 7-8 所示。绝缘工具表面不应磨损、变形损坏，操作应灵活。绝缘遮蔽用具应无针孔、砂眼、裂纹。

作业人员检查防电弧服装，防电弧能力不应小于 27.0cal/cm^2，检查相应防护等级的防电弧头罩（或面屏），检查防电弧手套、鞋罩等，如图 7-9 所示。

图 7-7　工器具及材料摆放

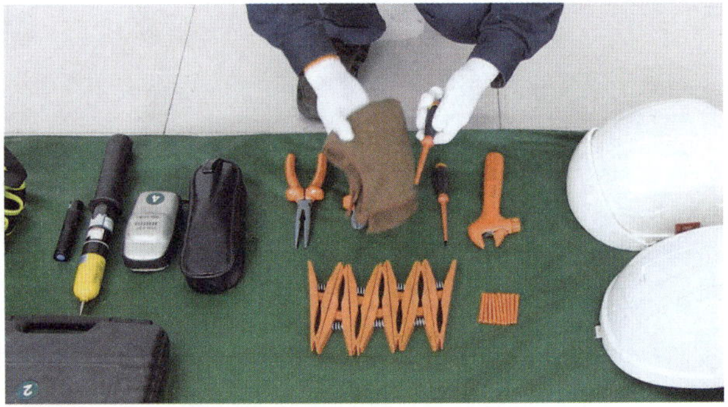

图 7-8　擦拭检查绝缘工器具

作业人员应检查验电器、万用表、钳形电流表等仪器仪表。同时，还应对智能融合终端、电流互感器等进行检查。作业人员检查智能融合终端外观良好，型号、规格正确。成套线束方向套与航空插头孔用万用表进行逐根核对确认，防止方向套与航空插头孔不对应。对开口式电流互感器检查，其外观完整、资产编号、变比等信息正确，用仪表测量互感器一次、二次回路可靠性，同一组互感器的极性方向应一致。

五、穿戴个人安全防护用品

在箱式变压器附近作业时，工作负责人（监护人）、作业人员及其他配合人员穿戴相应防护等级的

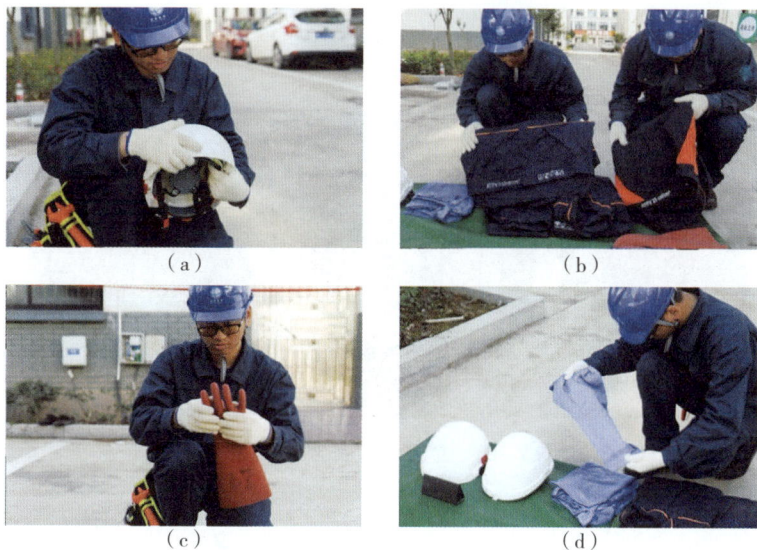

图 7-9　检查个人安全防护用品

（a）检查防电弧面屏；（b）检查防电弧服；（c）检查绝缘手套；（d）检查绝缘鞋套

防电弧服装、防电弧手套、鞋罩，佩戴护目镜或防电弧面屏，穿戴好后相互检查是否完好，如图 7-10 所示。个人电弧防护用品和人员绝缘防护用具在配合使用时，应将绝缘防护用具穿戴在个人电弧防护用品之外。

图 7-10 穿戴个人安全防护用品

第二节 操作步骤

一、验电

获得工作负责人许可后，作业人员接触柜门前应验明柜体确无电压。用低压验电笔时，不能戴手套验电，如图 7-11 所示。用验电器验电时，应戴绝缘手套，且手不得越过护环或手持部分的界限。

图 7-11 对柜体外壳进行验电

二、绝缘遮蔽

验明柜体确无电压后，作业人员打开箱式变压器箱门，对配电柜内带电部位及柜体依次进行绝缘遮蔽，如图 7-12 所示。

绝缘遮蔽时作业人员按照"由近到远，从下到上、先带电体后接地体"的原则对作业区域进行绝缘遮蔽。绝缘遮蔽应严密完整，如图 7-13 所示。

图 7-12　作业人员依次进行绝缘遮蔽

图 7-13　绝缘遮蔽应严密完整

三、检查并操作联合接线盒

获得工作负责人许可后，作业人员用万用表对联合接线盒电源侧二次回路连接线进行检查，检查接线是否正确，方向套编号是否对应，如图 7-14 所示。

另外，还需检查联合接线盒电流、电压回路连接片及螺丝是否完好。获得工作负责人许可后，作业人员打开联合接线盒盖板，逐相合上联合接线盒 A、B、C 相电流连接片；逐相断开联合接线盒 A、B、C、N 相电压连接片。并确认电流连接片已短接，电压连接片已断开，如图 7-15 所示。

图 7-14 检查联合接线盒电源侧二次回路

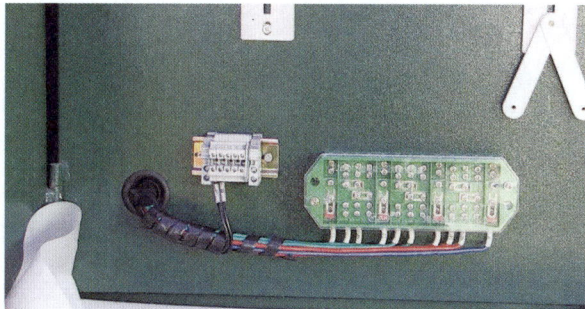

图 7-15 确认联合接线盒电压电流连接片

四、安装智能融合终端

获得工作负责人的许可后，作业人员目测安装位置。固定安装智能融合终端本体，如图 7-16 所示。智能融合终端应垂直安装，倾斜度不超过 1°，与外壳及周围结构件之间不应小于 40mm，与联合接线盒之间不应小于 80mm。

作业人员将智能融合终端成套线束按方向套编号将电压、电流与联合接线盒连接，如图 7-17 所示。二次导线接线时不得露铜；螺丝不得压在绝缘层上。如有智能剩余电流动作保护器、断路器、智能电容器等设备有接入功能的需接入信号线。

图 7-16 固定安装智能融合终端本体

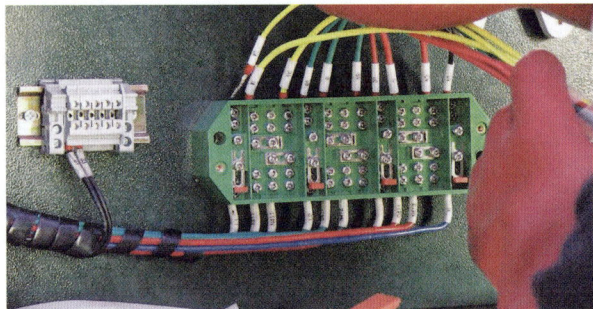

图 7-17 成套束线与联合接线盒连接

获得工作负责人的许可后，作业人员拆除智能融合终端的成套线束航空插头绝缘遮蔽，将成套线束航空插头与智能融合终端接口连接，扣紧闭锁口如图 7-18 所示。

五、安装电流互感器

获得工作负责人的许可后，作业人员将电流互感器侧 S1、S2 与厂家配置电流线方向套编号核对正确后接入电流互感器，如图 7-19 所示。作业人员按照一次电流从 P1 进 P2 出的要求牢固安装电流互感器后，盖上电流互感器盖板。

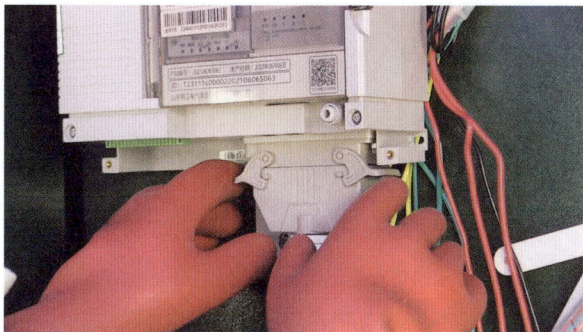

图 7-18　成套线束航空插头与智能融合终端接口连接

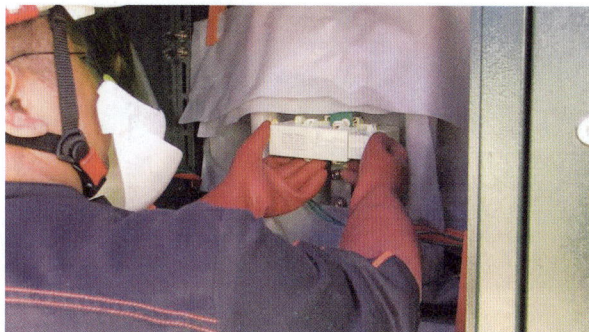

图 7-19　安装电流互感器

作业人员依次正确安装各相电流互感器后，应确保电流互感器牢固安装在母排上。然后完成各相电流互感器的封印，并记录封印编号，如图 7-20 所示。

六、取电压

获得工作负责人的许可后，作业人员进行取电压操作。当母排螺丝长度足够长时，可以直接在母排螺丝上取电压，如图 7-21 所示，在母排螺帽加装垫片，将二次导线做圈后套在原有母排螺丝上，然后再垫上垫片，紧固螺帽即可。严禁直接将二次导线和一次导线用同一个螺帽压接，螺帽拧紧后应露出螺纹 2~5 牙。其他相也采用同样的方法进行取电压，该连接线与联合接线盒相连，从而为智能融合终端提

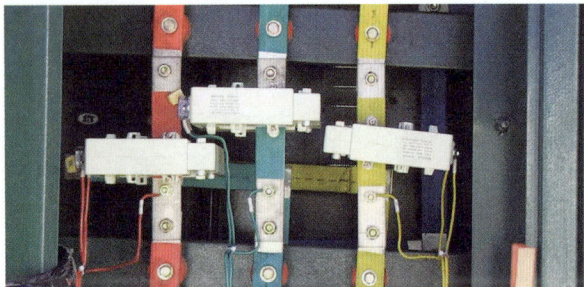

图 7-20　作业人员按要求进行了封印

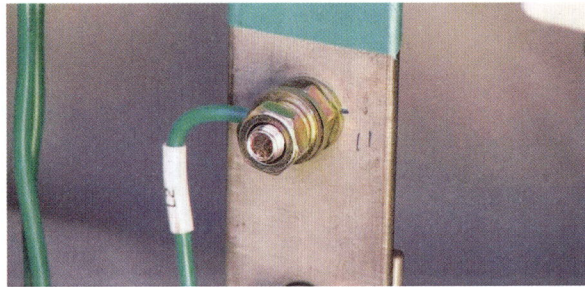

图 7-21　直接在母排螺丝上取电压

供工作电源及电压采集数据。

七、安装 SIM 卡、集抄模块

获得工作负责人的许可后，作业人员将工业级 SIM 卡插入智能融合终端通信模块"双 4G+ 北斗"卡槽，如图 7-22 所示，同时将载波通信模块插入载波通信槽口。经工作负责人许可后，安装 4G、北斗天线，如图 7-23 所示。连接北斗、4G 天线时，根据信号强度，选择适当的天线位置。天线的中间线应放置妥当，天线过长时应绑扎并固定，穿过柜门时不能因太紧而压坏天线，并盖上智能融合终端盖板。

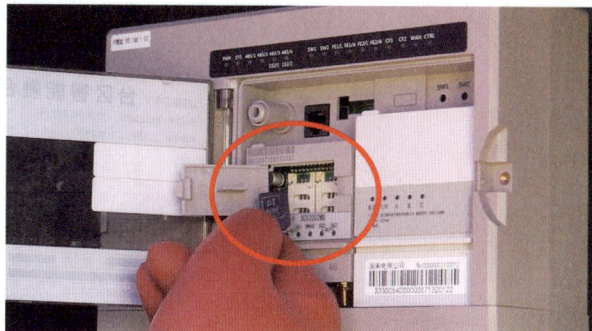

图 7-22　将工业级 SIM 卡插入智能融合终端通信模块

图 7-23　安装智能融合终端天线

八、智能融合终端投入运行

获得工作负责人许可后，作业人员操作联合接线盒。如图 7-24 所示，按照 N、C、B、A 的顺序逐相合上联合接线盒电压连接片，断开各相电流连接片，将智能融合终端投入运行，记录更换结束时间，并盖上联合接线盒盖板。

获得工作负责人许可后，作业人员检查智能融合终端电源灯、指示灯、4G 模块等亮灯工况信息，检查 PWR、2G/3G、WAN 指示灯等是否在正常状态，如图 7-25 所示。

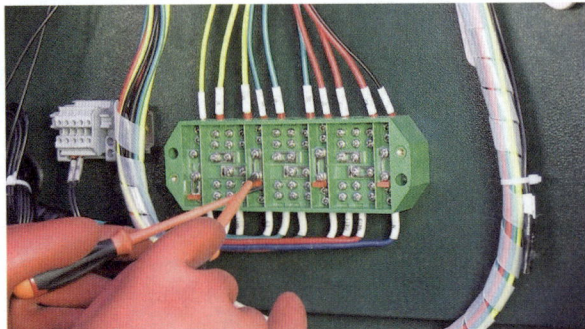

图 7-24 操作联合接线盒将智能融合终端投入运行

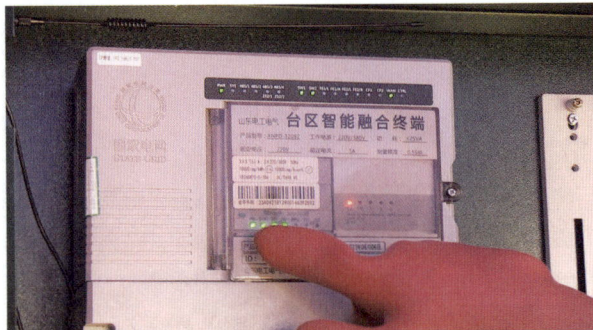

图 7-25 检查智能融合终端指示灯状态

在检查智能融合终端各工况指示灯正常后，对智能融合终端、联合接线盒等加封封印，并记录封印编号，如图 7-26 所示。

九、拆除绝缘遮蔽

获得工作负责人许可后，作业人员按照设置绝缘遮蔽相反的顺序拆除绝缘遮蔽，如图 7-27所示。

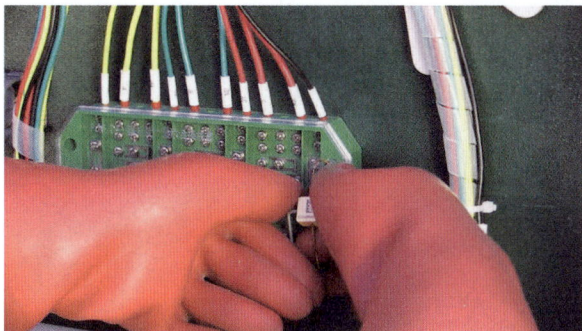

图 7-26 给联合接线盒加封封印

图 7-27 按照与设置遮蔽相反的顺序拆除绝缘遮蔽

十、工作负责人检查作业质量

作业人员确认智能融合终端安装符合规范要求、工作完成无误、无遗留物后撤离带电作业区域。工作负责人全面检查作业质量。检查智能融合终端安装符合规范要求，确认作业现场工作完成无误、无工具、材料等遗留物，如图 7-28 所示。

图 7-28　工作负责人检查作业质量

第三节　工作结束

一、整理工器具及清理现场

工作负责人组织作业人员工作负责人组织作业人员整理工具、材料，将工器具清洁后分类放置在专用工具箱（袋）内，撤除安全围栏，如图 7-29 所示。另外还要注意，作业人员还应清理现场，做到工完料尽场地清。

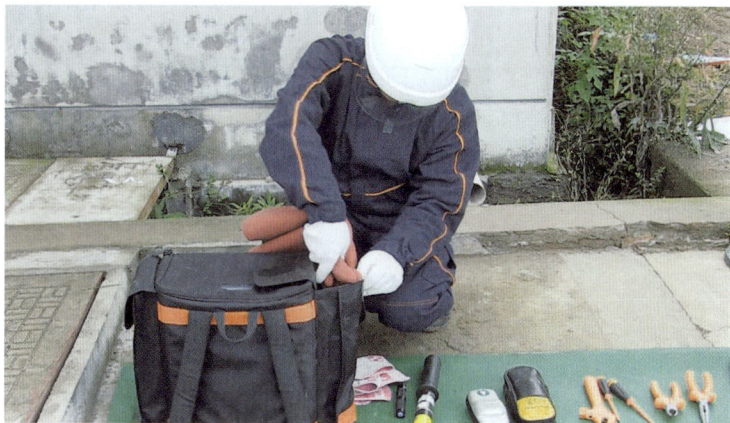

图 7-29 作业人员整理工器具

二、召开班后会

工作负责人组织作业人员召开班后会，如图 7-30 所示，总结和点评此次工作的施工质量、存在的问题以及工作班成员在作业中安全措施的落实情况、对规程的执行情况等内容。

图 7-30　工作负责人组织作业人员召开班后会

三、办理工作终结手续

　　最后，工作负责人向设备运维管理单位汇报工作结束，并终结工作票，办理工作终结手续如图 7-31 所示。汇报内容有：工作负责人姓名、工作班组名称、工作地点、工作任务结束时间、完成情况，如有重合闸功能恢复重合闸功能。

图 7-31 办理工作终结手续

第八章　箱式变压器台区智能融合终端不停电更换作业

第一节　工作准备

一、执行工作许可制度

作业前核对施工箱式变压器上双重名称无误；确认天气良好，无雷、雨、雪、大雾，且风力不大于10.5m/s，相对湿度不大于80%，确认作业周围环境符合带电作业条件。

工作负责人作业前和设备运维管理单位联系，办理工作许可手续，如图8-1和图8-2所示，联系内容有：工作负责人姓名、工作班组名称、工作地点、工作任务、计划工作时间等。在得到设备运维管理单位许可后，工作负责人应在工作票上记录许可时间，并签名。如设备有重合闸装置确认已退出。

图8-1　办理工作许可手续

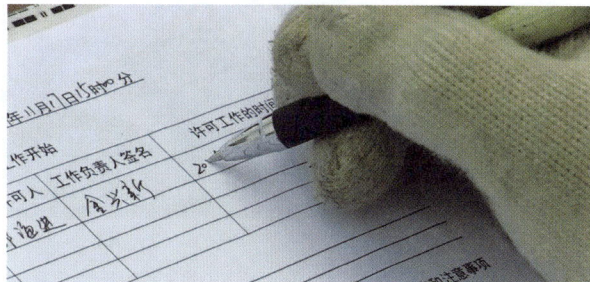

图8-2　工作负责人应在工作票上记录许可时间并签名

二、召开现场站班会

工作负责人召开站班会，如图 8-3 所示，现场列队宣读工作票。按照"三交三查"要求，交代工作任务、安全措施、技术措施及作业方法，并告知安全措施、注意事项和危险点。检查工作班组成员精神状态是否良好，着装是否符合标准，安全工器具、个人工器具是否齐全并符合施工要求。

图 8-3　召开现场站班会

作业人员清楚明白"三交三查"内容后在工作票上履行确认签名手续，如图 8-4 所示，签名字迹应清晰。

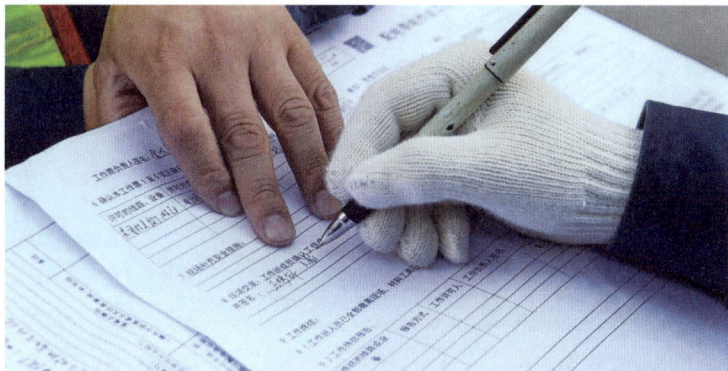

图 8-4　工作业人员作票上履行确认签名

三、布置工作现场

工作负责人组织作业人员设置安全围栏、安全警告标示牌。工作场所周围应装设遮栏（围栏），如图 8-5 所示，安全围栏应设置合理，不应小于待检修范围，进出口大小合适。

围栏设置完成后，工作人员根据需要悬挂标示牌，标示牌应包括但不仅限于"从此进出""在此工作"。在道路边上工作时，道路两侧应放置"电力施工减速慢行"或"车辆绕行"警示标志牌或隔离路障，如图 8-6 所示。

图 8-5　作业人员设置安全围栏

图 8-6　工作人员悬挂标示牌

作业人员在作业现场应选择干燥、阴凉位置，将工器具及材料摆放在防潮苫布上，摆放时绝缘工器具不能与金属工具、材料混放，如图 8-7 所示。

四、检查绝缘工器具及材料

作业人员使用清洁干燥毛巾逐件对绝缘工器具进行擦拭并进行外观检查，如图 8-8 所示，绝缘工具表面不应磨损、变形损坏，操作应灵活。绝缘遮蔽用具应无针孔、砂眼、裂纹。

作业人员检查防电弧服装，防电弧能力不应小于 27.0cal/cm^2，检查相应防护等级的防电弧头罩（或面屏），检查防电弧手套、鞋罩等，如图 8-9 所示。

图 8-7　工器具及材料摆放

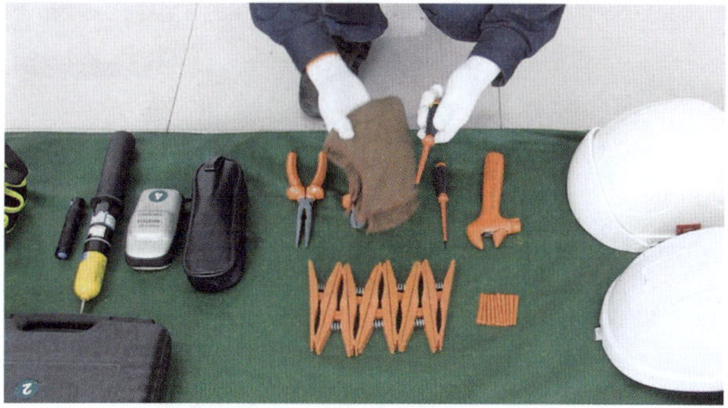

图 8-8　擦拭检查绝缘工器具

作业人员应检查验电器、万用表、钳形电流表等仪器仪表。同时，还应对智能融合终端、电流互感器等进行检查。作业人员检查智能融合终端外观良好，型号、规格正确。成套线束方向套与航空插头孔用万用表进行逐根核对确认，防止方向套与航空插头孔不对应。对开口式电流互感器检查，其外观完整、资产编号、变比等信息正确，用仪表测量互感器一次、二次回路可靠性，同一组互感器的极性方向应一致。

五、穿戴个人安全防护用品

在箱式变压器附近作业时，工作负责人（监护人）、作业人员及其他配合人员穿戴相应防护等级的

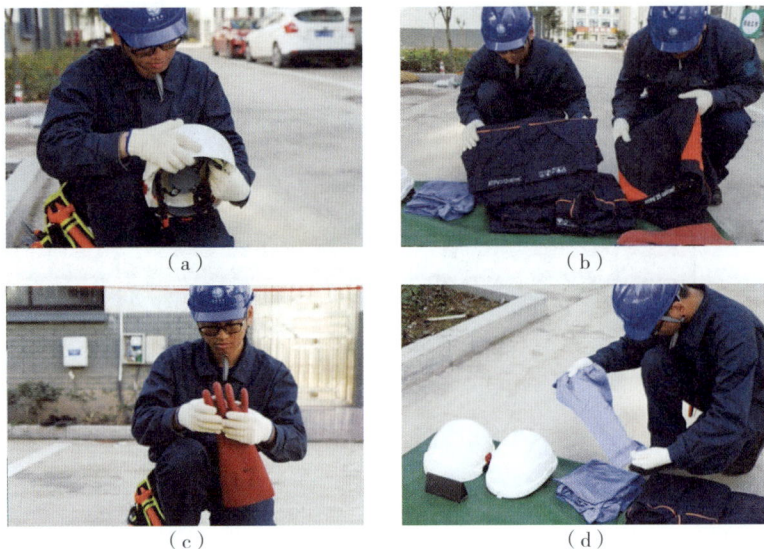

图 8-9　检查个人安全防护用品

（a）检查防电弧面屏；（b）检查防电弧服；（c）检查绝缘手套；（d）检查绝缘鞋套

防电弧服装、防电弧手套、鞋罩，佩戴护目镜或防电弧面屏，穿戴好后相互检查是否完好，如图 8-10 所示。个人电弧防护用品和人员绝缘防护用具在配合使用时，应将绝缘防护用具穿戴在个人电弧防护用品之外。

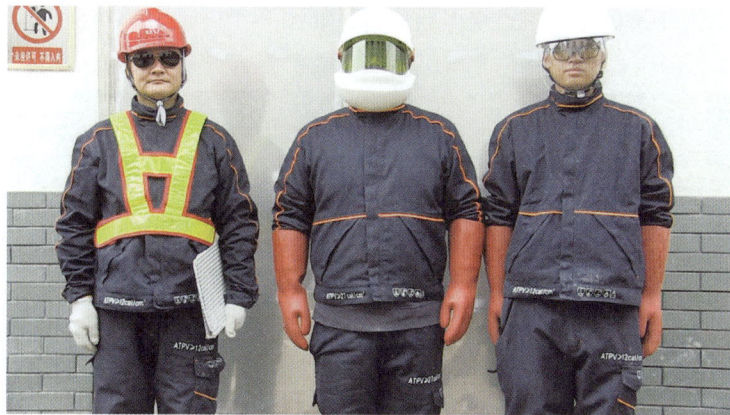

图 8-10　穿戴个人安全防护用品

第二节　操作步骤

一、验电

获得工作负责人许可后，作业人员接触柜门前应验明柜体确无电压。用低压验电笔时，不能戴手套验电如图 8-11 所示。用验电器验电时，应规范戴好绝缘手套，且手不得越过护环或手持部分的界限。

验明柜体确无电压后，作业人员打开箱式变压器箱门，如图 8-12 所示。

图 8-11　验明柜体确无电压

图 8-12　作业人员打开箱式变压器箱门

二、绝缘遮蔽

作业人员拆除封印，打开柜门，对配电柜内带电部位及柜体依次进行绝缘遮蔽。绝缘遮蔽时作业人员按照"由近到远，从下到上、先带电体后接地体"的原则对作业区域进行绝缘遮蔽，绝缘遮蔽应严密完整，如图 8-13 所示。

图 8-13　对作业区域进行绝缘遮蔽

三、检查原配变终端二次回路

获得工作负责人许可后，作业人员检查联合接线盒、原配变终端、集中器各部位的封印是否完好，如图 8-14 所示。

作业人员逐相检查联合接线盒电流、电压回路的连接片及螺丝，如图 8-15 所示，确认是否完好，有无烧灼痕迹。

图 8-14　作业人员检查各部位的封印

图 8-15　检查联合接线盒封印

作业人员还需检查联合接线盒、原配变终端、集中器之间二次回路连接是否完好，如图 8-16 所示。

图 8-16　检查二次回路接线

确认完外部接线后，还应检查原配变终端数据采集是否正常，如图 8-17 所示。作业人员经工作负责人许可，操作原配变终端面板上按键切换数据，确认当前电压、电流等数据采集正常，并在"电能计量装接单"上记录原配变终端当前正向有功电量、当前反向有功电量、瞬时功率、更换开始时间等数据。

图 8-17　检查原配变终端数据并抄录

四、拔出 SIM 卡

获得工作负责人许可后，作业人员拆除封印，分别打开原配变终端面板和 I 型集中器面板（盖板），如图 8-18 所示拔出通信模块。

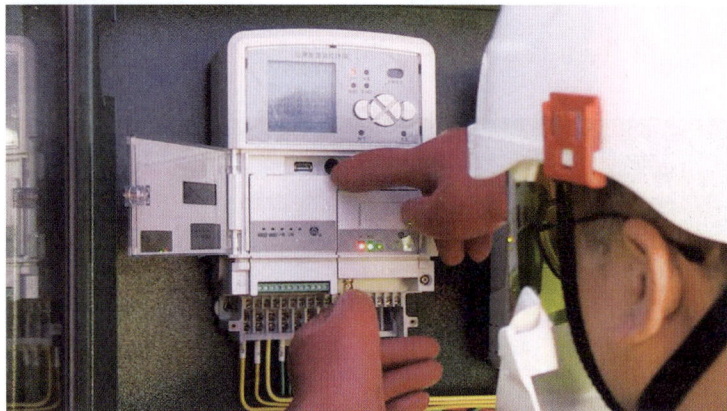

图 8-18　打开原配变终端面板和 I 型集中器面板

接下来，拔出 SIM 卡，如图 8-19 所示，使原配变终端、I 型集中器失去通信，禁止再把 SIM 卡插回去，注意要将 SIM 卡妥善保存。

五、原配变终端退出运行

获得工作负责人许可后，作业人员拆除联合接线盒封印打开联合接线盒盖板，如图 8-20 所示。

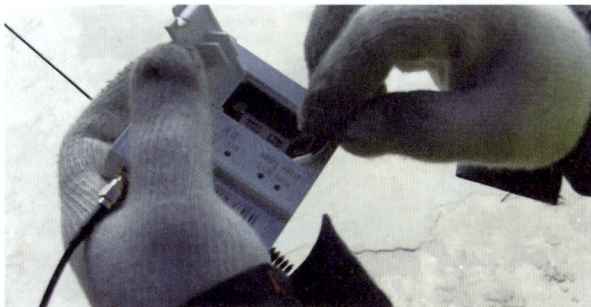

图 8-19　拔出通信模块中 SIM 卡

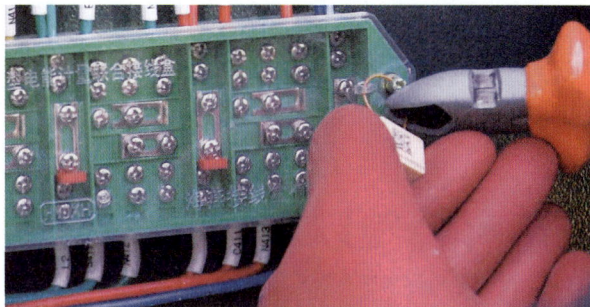

图 8-20　拆除联合接线盒封印

打开盒盖，逐相合上联合接线盒 A、B、C 相电流连接片，如图 8-21 所示，确认原配变终端上电流已为零。逐相断开联合接线盒 A、B、C、N 相电压连接片，确认终端上电压为零。

获得工作负责人许可后，作业人员拆除联合接线盒至原配变终端二次回路接线，每拆除一相当即对导线端部金属裸露部分进行绝缘包裹，防止短路或接地，如图 8-22 所示。

拆除原配变终端，拆除固定螺丝，取下原配变终端和 I 型集中器本体，如图 8-23 所示。

六、安装智能融合终端

如图 8-24 所示，将拆下来的 I 型集中器载波模块插入智能融合终端，实现营配融合。

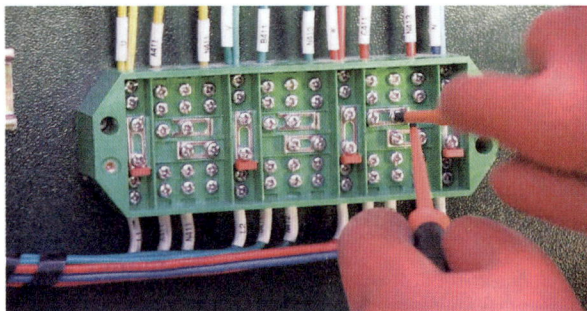

图 8-21　操作联合接线盒电压电流连接片

图 8-22　拆除联合接线盒至原配变终端二次回路接线

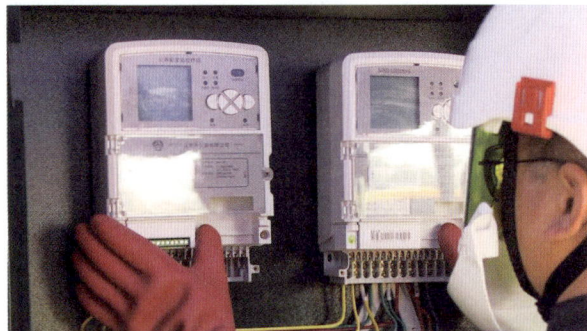

图 8-23　取下原配变终端和 I 型集中器本体

图 8-24　载波模块插入智能融合终端

　　获得工作负责人的许可后，作业人员目测安装位置，如图 8-25 所示，固定安装智能融合终端，智能融合终端应垂直安装，倾斜度不超过 1°，与外壳及周围结构件之间不应小于 40mm；与联合接线盒之间不应小于 80mm。

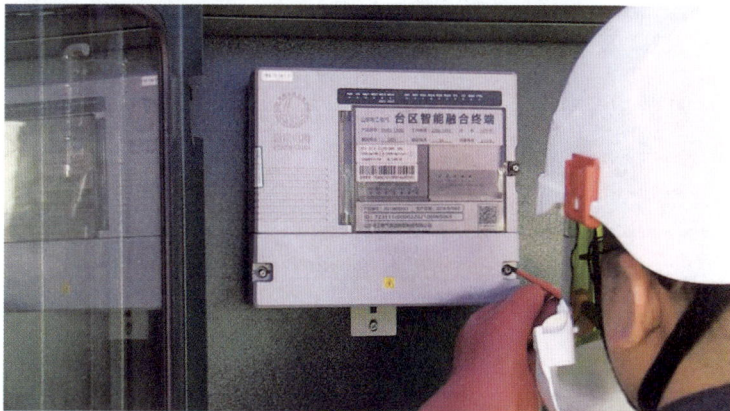

图 8-25　固定安装智能融合终端本体

　　作业人员将智能融合终端的成套线束航空插头进行绝缘遮蔽，在获得工作负责人的许可后，作业人员将智能融合终端成套线束按方向套编号将电压、电流与联合接线盒连接，如图 8-26 所示。

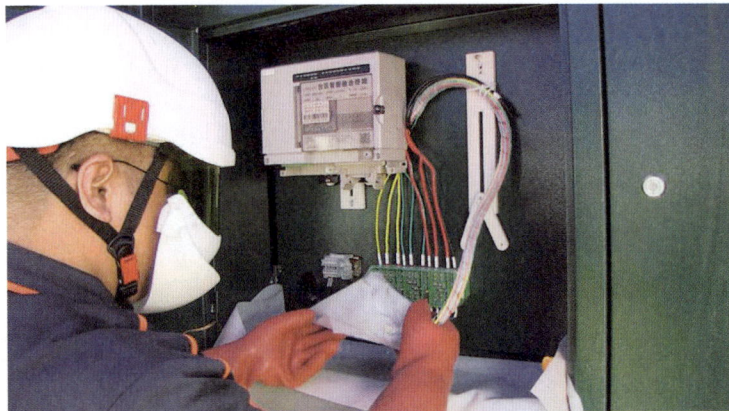

图 8-26　作业人员安装智能融合终端的成套线束

　　注意：接线时二次导线不得露铜；螺丝不得压在绝缘层上。如有智能剩余电流动作保护器、断路器、智能电容器等设备有接入功能的需接入信号线。

　　获得工作负责人的许可后，作业人员拆除智能融合终端的成套线束航空插头绝缘遮蔽，将成套线束航空插头与智能融合终端接口连接，扣紧闭锁口，如图 8-27 所示。

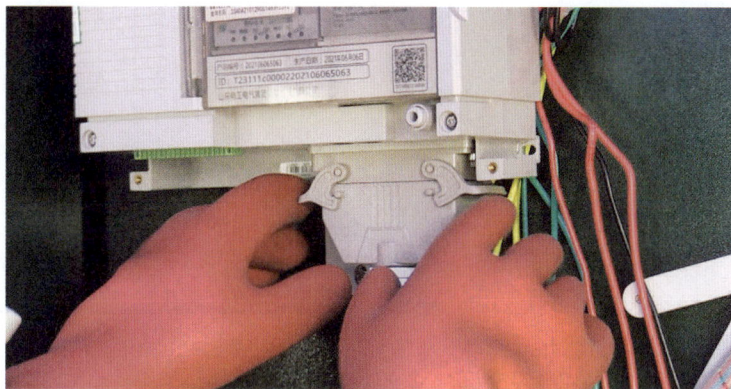

图 8-27　连接智能融合终端成套线束航空插头

七、安装 SIM 卡、集抄模块及天线

获得工作负责人的许可后，作业人员将作业人员将工业级 SIM 卡插入通信模块"双 4G+ 北斗"卡槽，如图 8-28 所示，注意插入方向，芯片向内。

获得工作负责人的许可后，作业人员连接北斗、4G 天线，图 8-29 中，作业人员完成了北斗天线的安装。在天线安装过程中，作业人员要根据信号强度，选择适当的天线位置。天线的中间线应放置妥当，过长时应捆扎并固定，穿过柜门时不能因太紧而压坏天线，并盖上智能融合终端盖板。

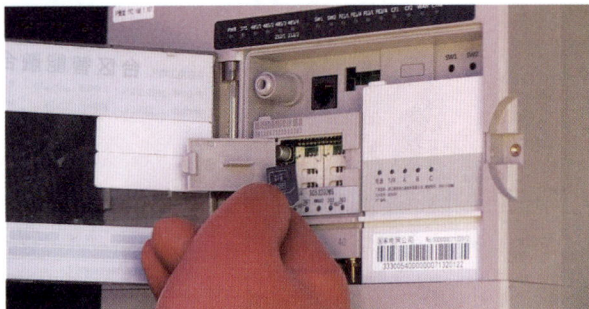

图 8-28　将 SIM 卡插入通信模块"双 4G+ 北斗"卡槽

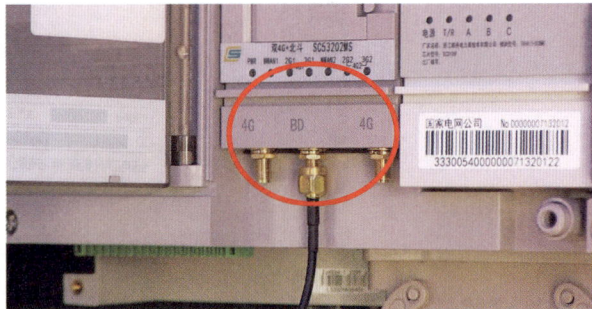

图 8-29　作业人员连接通信模块天线

八、智能融合终端投入运行

获得工作负责人许可后，作业人员按照 N、C、B、A 的顺序逐相合上联合接线盒电压连接片，断开各相电流连接片，如图 8-30 所示。

操作完成后，经工作负责人许可，作业人员检查智能融合终端电源灯、指示灯、4G 模块等亮灯工况信息，如图 8-31 所示。重点检查 PWR、2G/3G、WAN 指示灯等是否在正常状态。

在检查智能融合终端各工况指示灯正常后，对智能融合终端、联合接线盒等加封封印，并记录封印编号，如图 8-32 所示。

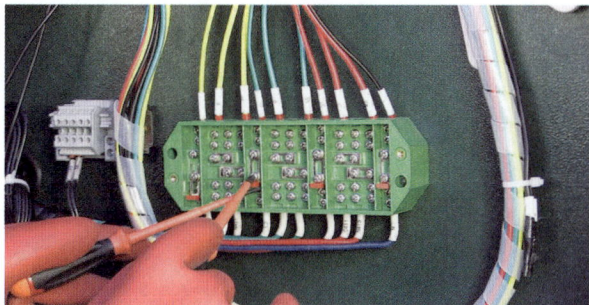

图 8-30　操作联合接线盒电压、电流连接片

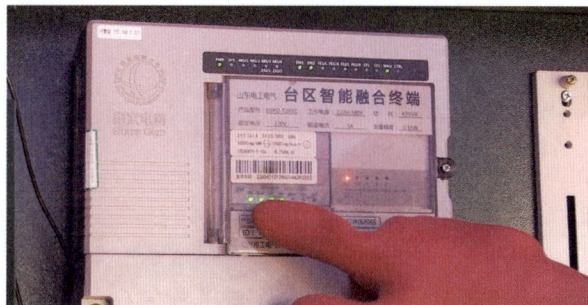

图 8-31　检查智能融合终端指示灯

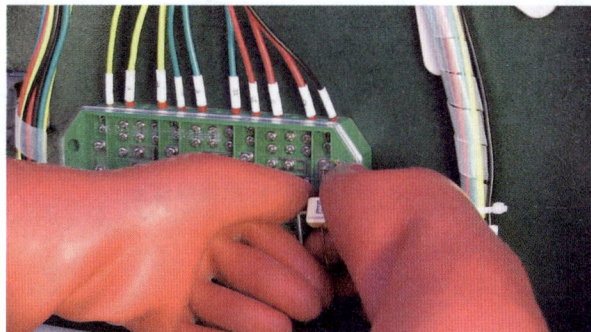

图 8-32　对智能融合终端、联合接线盒等加封封印

九、拆除绝缘遮蔽

获得工作负责人许可后，作业人员拆除绝缘遮蔽，如图 8-33 所示。拆除时按照设置绝缘遮蔽相反的顺序进行。

图 8-33　作业人员拆除绝缘遮蔽

十、现场工作负责人检查作业质量

作业人员确认智能融合终端安装符合规范要求、工作完成无误、无遗留物后撤离带电作业区域。工作负责人全面检查作业质量，如图 8-34 所示，智能融合终端安装符合规范要求，确认作业现场工作完成无误、无工具、材料等遗留物。

图 8-34　现场工作负责人检查作业质量

第三节　工作结束

一、整理工器具及清理现场

如图 8-35 所示，工作负责人组织作业人员整理工具、材料，将工器具清洁后分类放置在专用工箱（袋）内。然后撤除安全围栏及标示牌，如图 8-36 所示。注意，作业人员还应清理现场，做到工完料尽场地清。

图 8-35　作业人员整理工器具

图 8-36　撤除安全围栏及标示牌

二、召开班后会

工作负责人组织作业人员召开班后会，如图 8-37 所示，总结和点评此次工作的施工质量、存在的问题以及工作班成员在作业中安全措施的落实情况、对规程的执行情况等内容。

图 8-37 工作负责人组织作业人员召开班后会

三、办理工作终结手续

工作负责人向设备运维管理单位汇报工作结束，如图 8-38 所示，办理工作票终结手续。

汇报时，汇报内容应包含：工作负责人姓名、工作班组名称、工作地点、工作任务结束时间、完成情况。注意如有重合闸功能，应恢复该功能。

图 8-38　办理工作票终结手续

第九章　新型智能融合终端现场调试

配电网新型智能融合终端现场
不停电施工及调试操作手册

第一节　调试流程

智能融合终端从出厂到现场安装上线，需要经过出厂预制调试、终端数字安全证书申请及导入、通信配置及主站应用证书导入、现场装接单编制提交、主站侧终端建档、实时数据核对等 6 个步骤，其中出厂预制调试、终端数字安全证书申请及导入、通信配置及主站应用证书导入这 3 项工作主要是由终端厂家和省电科院负责，通常在终端到货之前就已完成。每个步骤的主要内容见表 9-1。

表 9-1　　　　　　　　　　　　　　　　　调试流程

步骤	内容	说明
1	出厂预制调试	终端厂家在到货检测前完成出厂预制调试工作
2	终端数字安全证书申请及导入	终端厂家在到货检测前提供融合终端的"安全数字证书申请导出文件"至省电科院
		省电科院向中国电科院完成"终端安全证书"申请
		省电科院将证书提供至四区主站运维人员导入证书
3	通信配置及主站应用证书导入	终端现场安装前，终端厂家根据四区主站提供的通讯配置清单完成"通信 IP 配置、默认点表配置"

步骤	内容	说明
3	通信配置及主站应用证书导入	终端厂家通过"安全U-KEY"导入"主站应用证书"
4	现场装接单编制提交	施工人员现场完成终端安装和上电
		施工人员记录"终端ID、终端SIM卡号、终端安装台区信息"等内容，提交"现场装接单"至主站运维人员
5	主站侧终端建档	主站运维人员根据"现场装接单"进行终端设备的主站装接建档流程，并完成终端装接
6	实时数据核对	完成装接后，现场安装人员应与主站运维人员核实数据

第二节　调试内容

　　智能融合的调试工作大致可以分为到货前的工厂预制调试和到货后的现场安装调试两部分，工厂预制调试主要由终端厂家和电科院完成，不需要现场安装人员进行相关操作，仅作简单了解，主要包括终端通用参数设置和相关文件和信息获取两部分；现场安装调试包括接线盒压板操作、载波模块调试（仅限三表合一的台区）、面板指示灯状态检查、完成用采系统登记流程、Ⅳ区主站系统安装调试及数据核对、融合终端调试记录单填写等工作。每项工作的主要调试内容见表 9-2。

表 9-2　　　　　　　　　　　　　　　　　　调试内容

序号	内容	项目	说明
1	工厂预制调试	终端通用参数设置	包括但不局限于以下参数：规约类型、配电业务主站 IP 和端口、管理主站 IP 和端口、终端表条码、设备 ID、APN 双 SIM 卡、用采主站 IP 和端口、集中器条码等
		相关文件和信息获取	为满足台区融合终端"营销系统—用采系统—四区主站"的设备台账装接管理流程，需要获取但不局限于下列文件和信息：安全数字证书申请文件、主站应用证书文件、ESN 号、终端表条码等
2	现场安装调试	接线盒压板操作	按 N、C、B、A 顺序合上接线盒电压压板，使智能融合终端进入运行状态。分开各相电流压板，并观察终端有无通电，各相电压是否正常
		载波模块调试（仅限三表合一台区）	将原集中器的条形码写入智能融合终端，进行载波模块调试；联系主站重新下发抄表任务和方案；设置未知电能表上报事件，事件有效；远程召测模块数据，确认抄表正常
		面板指示灯状态检查	检查融合终端电源灯、指示灯、4G 模块等亮灯工况信息。检查 PWR、2G/3G/4G、WAN 灯是否绿色常亮，装置运行是否正常
		完成用采系统登记流程	提供智能融合终端条形码、ID、SIM 卡信息给供电所营销班组，完成用采系统登记流程

续表

序号	内容	项目	说明
2	现场安装调试	Ⅳ区主站系统安装调试及数据核对	Ⅳ区主站运维人员完成Ⅳ区主站系统安装调试，确认数据正常上送，电压、电流等各项参数均正常
		融合终端调试记录单填写	现场操作人员应将面板指示灯显示情况、Ⅳ区主站及用采系统召测情况、电压电流情况等调试信息填写到融合终端调试记录单上

第三节　调试方法

由于工厂预制调试工作不需要现场操作人员操作，本文不做详细介绍，主要介绍现场安装调试工作。

一、接线盒连接片操作

智能融合终端完成现场安装后，首先需要按 N、C、B、A 相的顺序合上接线盒电压连接片，使智能融合终端进入运行状态。再分开各相电流连接片，并观察终端有无通电，并检查各相电压是否正常（合格的电压范围应在 198~235.4V 之间）。电压电流连接片最终位置应与接线盒连接片图 9-1 相符。

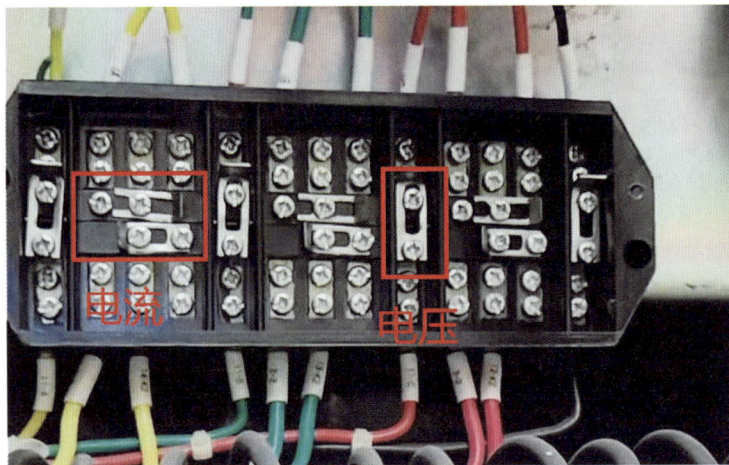

图 9-1　接线盒连接片

二、载波模块调试

针对三表合一的台区，还需要将原集中器的条形码写入智能融合终端，进行载波模块调试；并联系主站重新下发抄表任务和方案；设置未知电能表上报事件，确认事件有效；最后远程召测模块数据，确认抄表正常。但现阶段，浙江省主要还是以二表合一的台区为主，并未大范围推广三表合一。

　　完成安装送电之后，现场安装人员还应检查融合终端面板指示灯状态，如图 9-2 所示，重点检查终端电源灯、指示灯、4G 模块等亮灯工况，以及 PWR、2G/3G/4G、WAN 灯是否绿色常亮，装置运行是否正常。

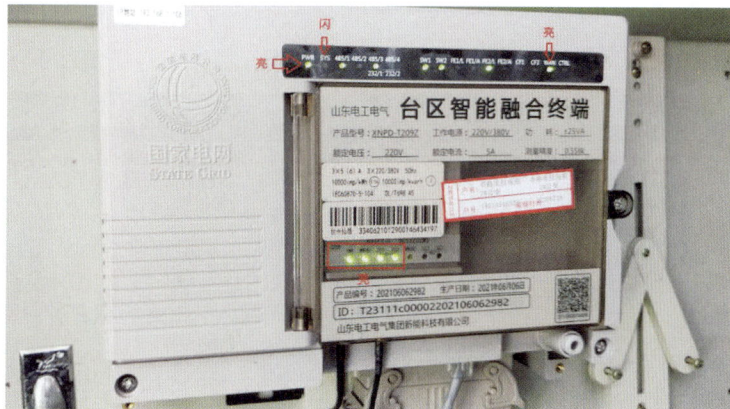

图 9-2　需要重点检查的指示灯

　　智能融合终端的面板指示灯主要分为终端本体指示灯、远程通信模块指示灯和本地通信模块指示灯。

（1）终端本体指示灯。智能融合终端本体指示灯主要由 14 盏灯组成，如图 9-3 所示，每盏指示灯的含义和说明见表 9-3。

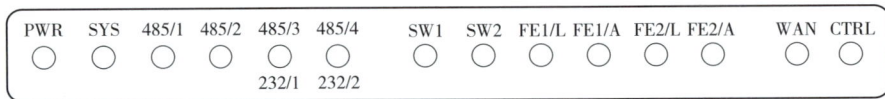

PWR	SYS	485/1	485/2	485/3	485/4		SW1	SW2	FE1/L	FE1/A	FE2/L	FE2/A		WAN	CTRL
○	○	○	○	○	○		○	○	○	○	○	○		○	○
				232/1	232/2										

图 9-3　终端本体指示灯

表 9-3　　　　　　　　　　　　　　　　　　　　　　终端本体指示灯说明

序号	定义	指示灯含义	指示灯颜色	指示灯说明
1	PWR	电源工作状态	绿色	常亮：正常上电
2	SYS	设备运行状态	红绿双色灯	红绿灯均不亮：软件未运行或正在复位； 绿色慢闪：系统正常运行状态； 绿色快闪：系统处于上电加载或者复位启动状态； 红色常亮：单板有影响业务且无法自动恢复的故障，需要人工干预
3	RS485/1	RS485 Ⅰ口通信状态	绿色	快闪：表示有数据传输； 常灭：表示无数据传输
4	RS485/2	RS485 Ⅱ口通信状态	绿色	

续表

序号	定义	指示灯含义	指示灯颜色	指示灯说明
5	RS485/3	该端口可在 RS485 或 RS232 端口间切换，指示 RS485 Ⅲ 或者 RS232 Ⅰ 通信状态	绿色	快闪：表示有数据传输； 常灭：表示无数据传输
6	RS485/4	该端口可在 RS485 或 RS232 端口间切换，指示 RS485 Ⅳ 或者 RS232 Ⅱ 通信状态	绿色	
7	SW1	指示第三路 RS485 端口的工作模式	绿色	灯亮：工作在 RS485 模式； 灯灭：工作在 RS232 模式
8	SW2	指示第四路 RS485 端口的工作模式	绿色	
9	FE1/L	第一路 FE 端口的 link 状态	绿色	灯亮：link 状态； 灯灭：链接断开
10	FE2/L	第二路 FE 端口的 link 状态	绿色	灯亮：link 状态； 灯灭：链接断开

序号	定义	指示灯含义	指示灯颜色	指示灯说明
11	FE1/A	第一路 FE 端口的 ACT 状态	橙色	快闪：有数据传输； 无闪烁：无数据传输
12	FE2/A	第二路 FE 端口的 ACT 状态	橙色	
13	WAN	终端与远端主站链接情况	绿色	常亮：链接成功； 快闪：链接中； 灭：与主站断开
14	CTRL	终端与配电自动化主站物理网平台模块链接情况	绿色	常亮：链接成功； 快闪：链接中； 灭：链接断开

（2）远程通信模块指示灯。远程通信模块指示灯主要由 4 盏灯组成，如图 9-4 所示，每盏指示灯的含义和说明见表 9-4。

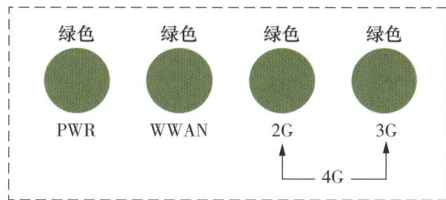

图 9-4　远程通信模块指示灯

表 9-4　　　　　　　　　　　远程通信模块指示灯说明

序号	定义	指示灯含义	指示灯颜色	指示灯说明
1	PWR	电源状态指示	绿色	常亮：系统供电正常； 常灭：系统无供电
2	WWAN	模块通信状态指示	绿色	常亮：4G 模块处于连接 / 激活状态； 快闪：4G 模块有数据传输； 常灭：4G 模块处于未连接 / 未激活状态
3	2G	模块工作模式状态指示	绿色	2G 指示灯常亮：模块工作在 2G 模式； 3G 指示灯常亮：模块工作在 3G 模式； 2G 和 3G 常亮：模块工作在 4G 模式； 2G 和 3G 常灭：模块工作异常或者未注册
4	3G		绿色	

（3）本地通信模块指示灯。本地通信模块指示灯主要由 5 盏灯组成，如图 9-5 所示，每盏指示灯的含义和说明见表 9-5。

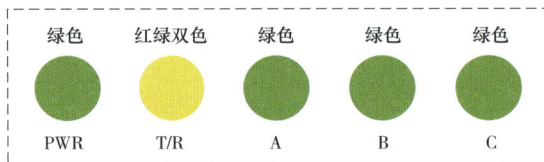

图 9-5　本地通信模块指示灯

表 9-5　　　　　　　　　　　　　　　　本地通信模块指示灯说明

序号	定义	指示灯含义	指示灯颜色	指示灯说明
1	PWR	电源状态指示	绿色	灯亮：模块上电； 灯灭：模块失电
2	T/R	模块数据通信指示灯	红绿双色	红绿双色，红灯快闪：模块接收数据； 绿灯快闪：模块发送数据
3	A	A 相发送状态指示灯	绿色	灯亮：模块通过该相发送数据
4	B	B 相发送状态指示灯	绿色	灯亮：模块通过该相发送数据
5	C	C 相发送状态指示灯	绿色	灯亮：模块通过该相发送数据

三、营销系统安装调试流程

现场完成安装并确认终端面板指示灯正常后，现场安装人员应及时将智能融合终端条形码、ID、SIM卡信息等提供给供电所营销班组，供电所营销人员及时完成营销系统、用采系统等登记流程。

营销系统安装调试流程主要有：①查询安装的融合型终端的类型→②创建营销流程任务（计量点变更申请信息）→③配表→④派工→⑤领用→⑥安装信息录入→⑦SIM卡解绑→⑧退下来的终端入库→⑨空间信息维护→⑩归档等。

1. 查询安装的融合型终端的类型

查询安装的融合型终端类型需营销班长账号进行操作，如图9-6~图9-10所示，查询安装的融合型终端的类型模块位于营销系统，操作路径为：系统支撑功能→知识库→快捷方式→查询计量资产→其他设备→设备类别（负控设备）→资产编号（输入融合型终端的资产编号，点击查询）→核对（核对智能融合终端条形码并单击）→查询确认（融合型终端的类型、采集方式和通信方式）。

2. 创建营销流程任务（计量点变更申请信息）

创建营销流程任务位于营销系统，操作路径为系统支撑功能→知识库→快捷方式→计量点变更。

操作步骤具体如下：

（1）计量点申请信息（变更）→计量点标识（计量点分类【台区关口、是否光伏台区】）→申请变

图 9-6 查询终端步骤 1

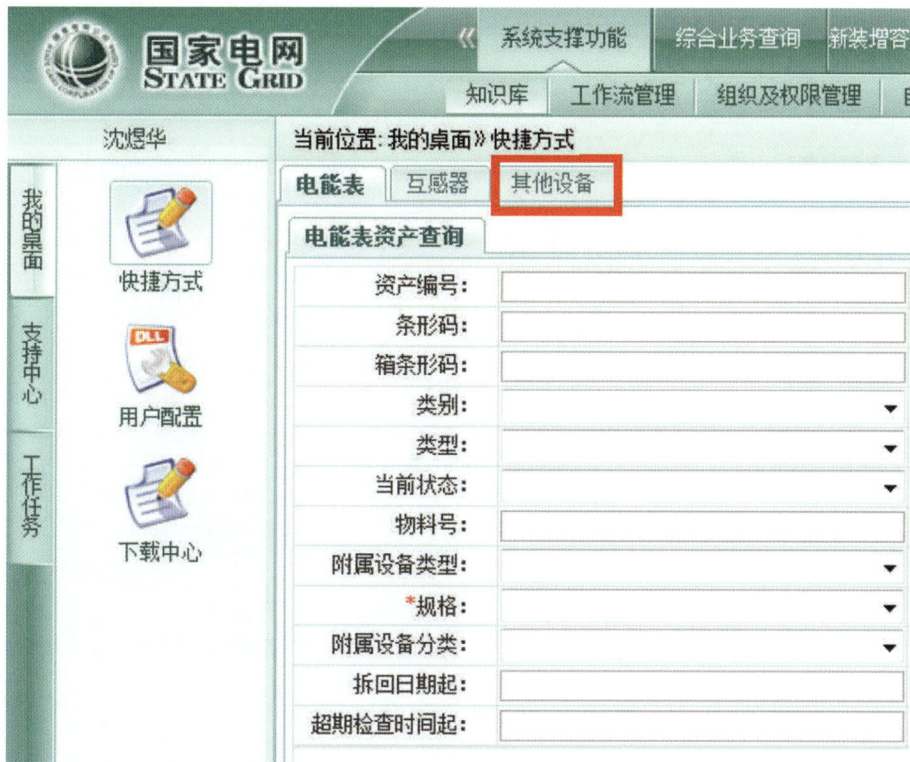

图 9-7　查询终端步骤 2

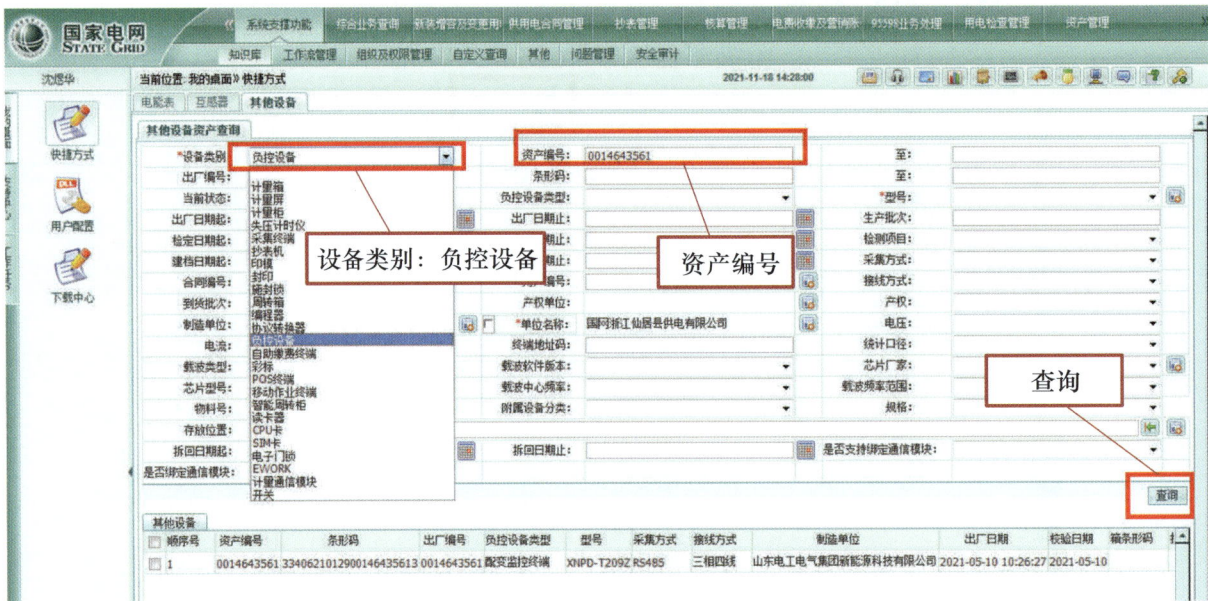

图 9-8　查询终端所需要填写内容

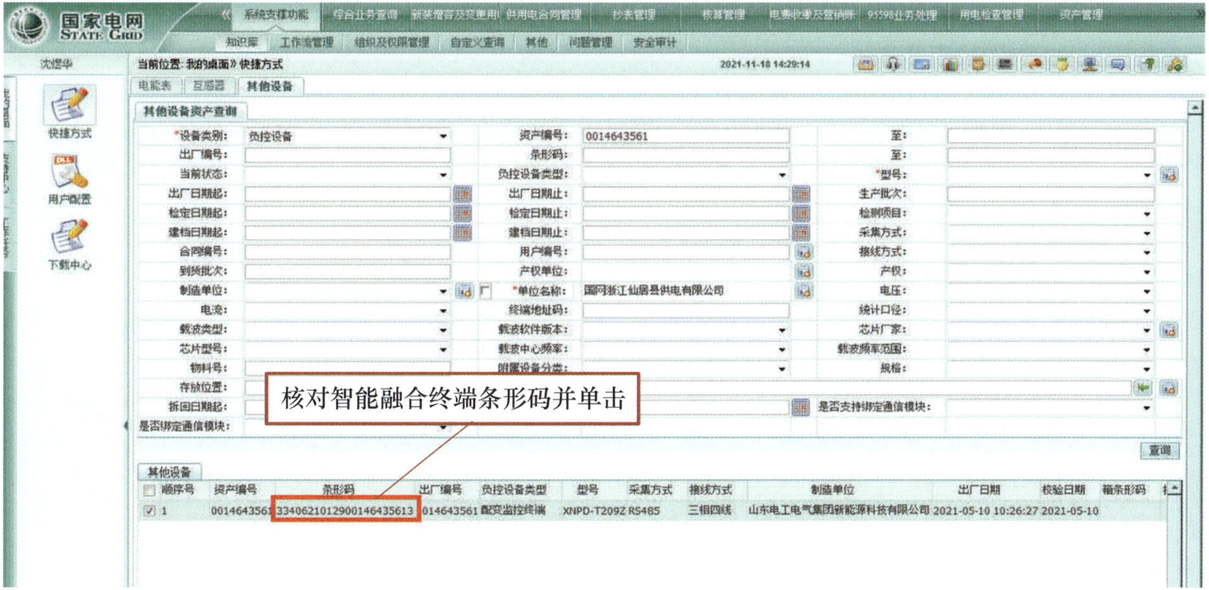
国家电网
STATE GRID
当前位置：我的桌面》快捷方式
2021-11-18 14:29:14
其他设备资产查询
设备类别：负控设备
资产编号：0014643561
单位名称：国网浙江仙居县供电有限公司
核对智能融合终端条形码并单击
条形码
3340621012900146435613
XNPD-T209Z
RS485
三相四线
山东电工电气集团新能源科技有限公司
2021-05-10 10:26:27
查询

图 9-9　终端条形码

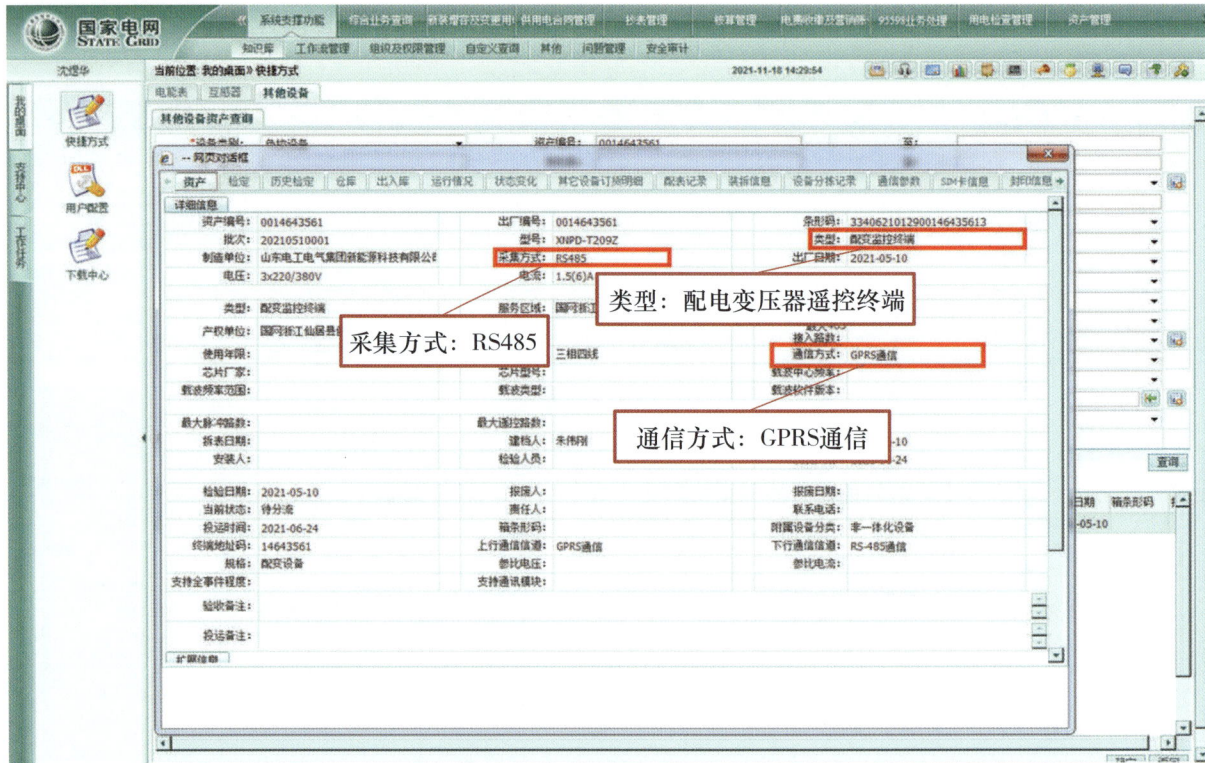

图 9-10　需要查询的主要内容

更原因（按具体原因填写）→保存，如图 9-11~ 图 9-14 所示。

（2）计量点方案修改→是否具备装表条件（是）→是否配设备容器（是）→保存，如图 9-15 所示。

（3）采集点方案（安装负控终端）→选择安装终端类别（安装负控终端）→保存，如图 9-16 所示。

（4）采集点设计方案→资产类别（负控设备）→终端类型（配电变压器监控终端）→终端采集方式（GPRS）→是否用户终端（否）→换取→保存，如图 9-17 所示。

（5）审核通过对应任务：审批/审核结果（通过）→保存→发送，如图 9-18 所示。

3. 配表（用表库工作人员账号操作）

配表任务位于营销系统，操作路径为：登录系统→系统支撑功能→知识库→工作任务单→待办工作单（对应更换终端任务）→采集点方案→条形码改换成资产编码→输入对应资产编码→领用→打印终结单（计量点变更流程用）→发送，如图 9-19 和图 9-20 所示。

4. 派工（需营销班长账号操作）

派工任务位于营销系统，操作路径为：登录系统→系统支撑功能→知识库→工作任务单→代办工作单（对应更换终端任务）→派工对象（有权限的现场工作人员）→派工→发送，如图 9-21 和图 9-22 所示。

5. 领用（用派工对象的工号操作）

领用任务位于营销系统，操作路径为：系统支撑功能→知识库→工作任务单→待办工作单（对应任

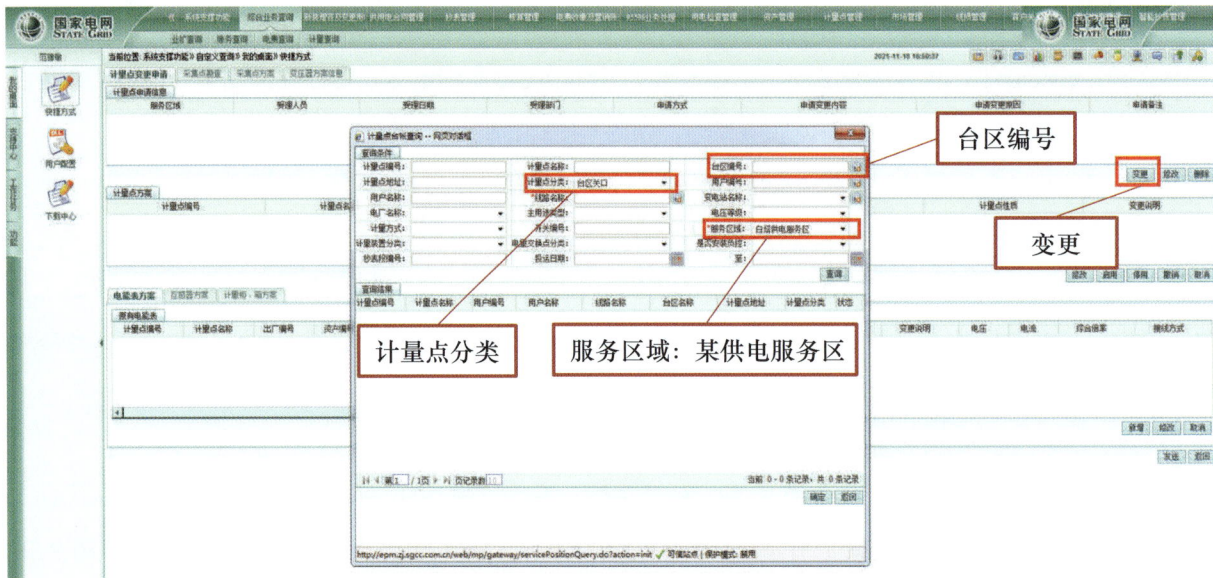

图 9-11　计量点申请信息标识所必填的内容

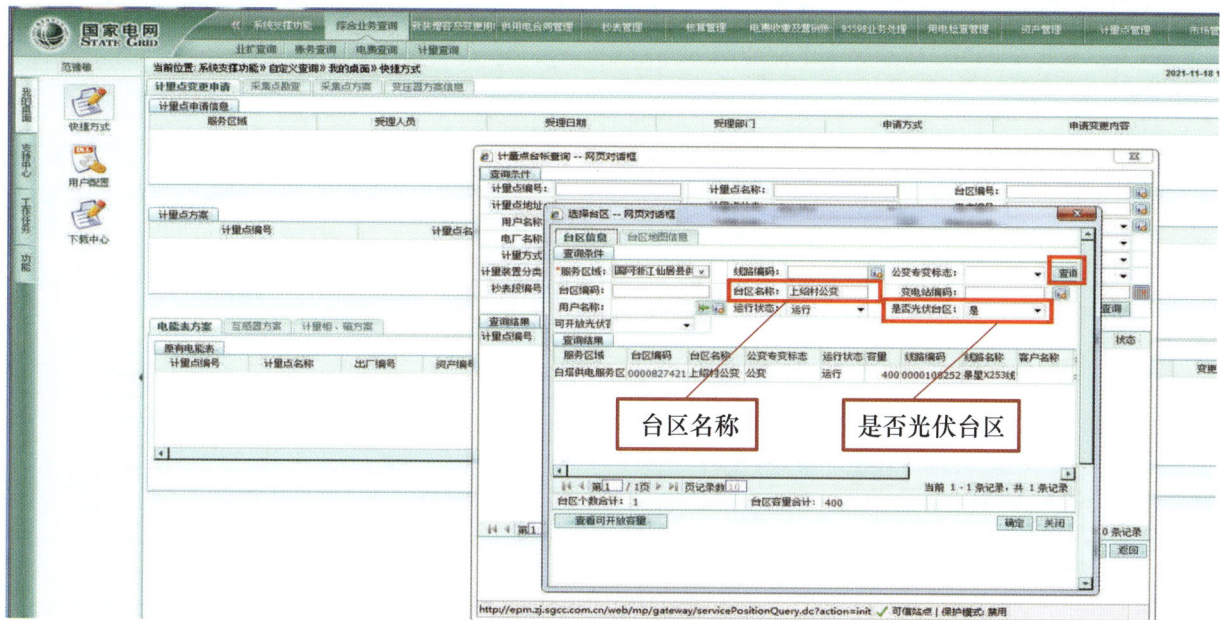

图 9-12　台区编号查询方法

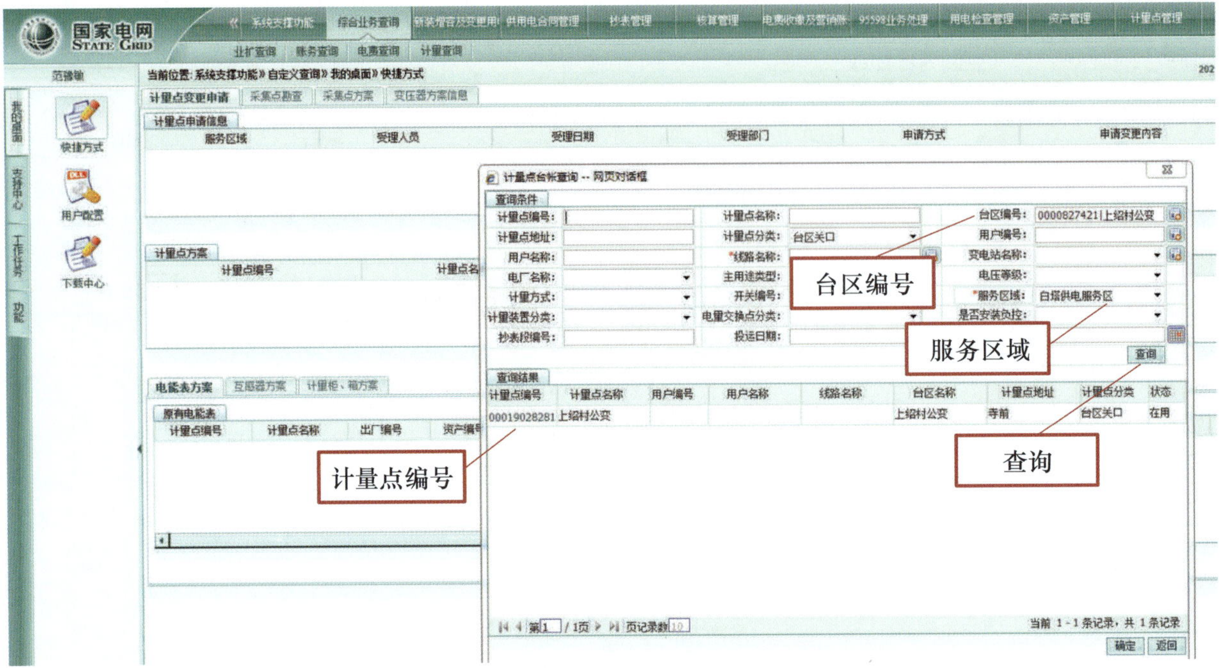

图 9-13　计量点申请信息标识填写明细

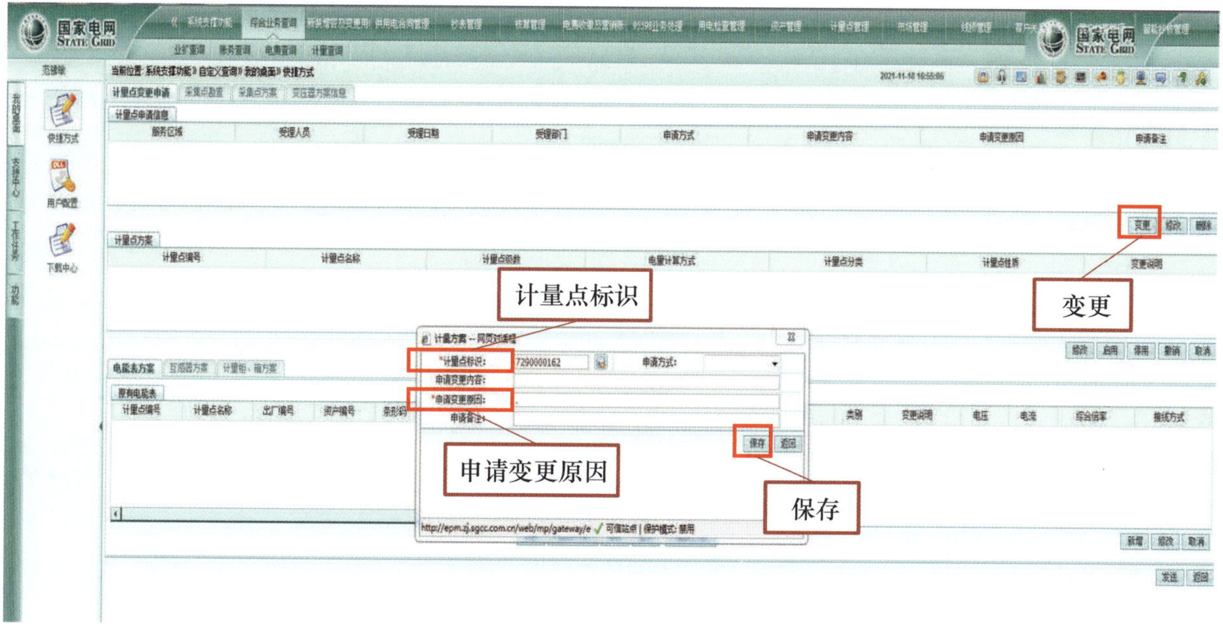

图 9–14　计量点申请信息填写明细

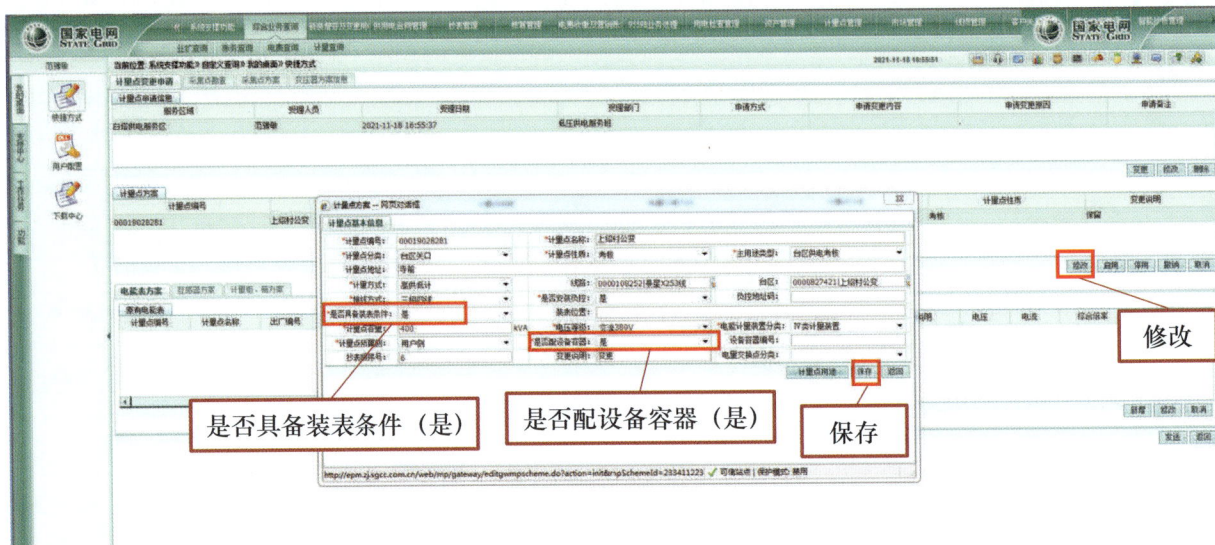

图 9-15　计量点方案填写

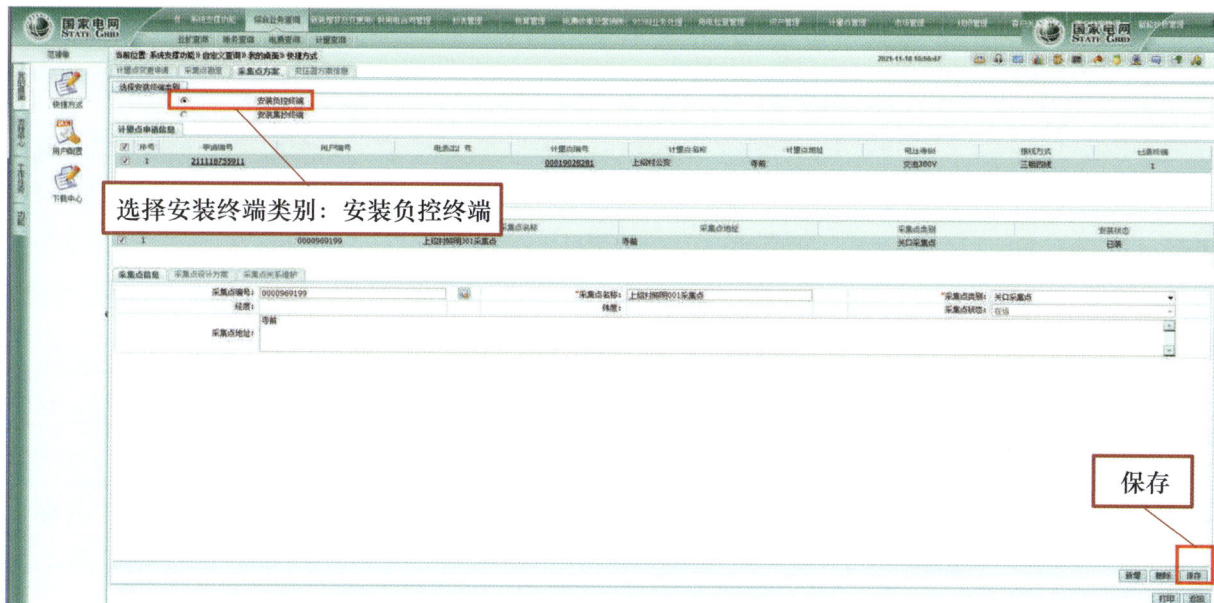

图 9-16　采集点方案终端类别选择

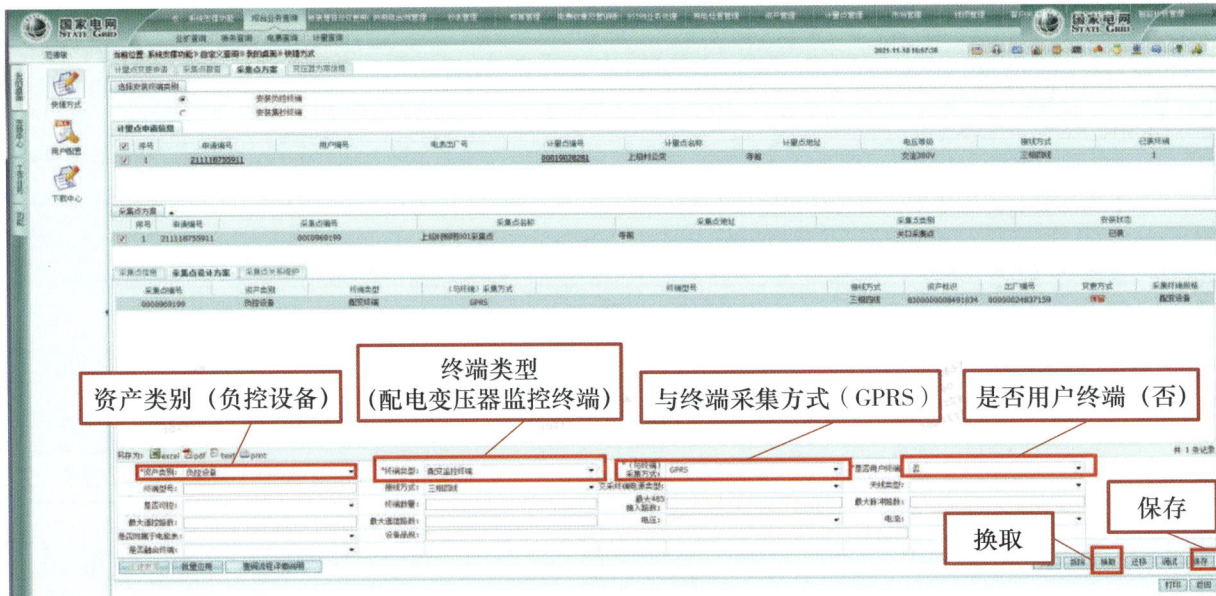

图 9-17　采集点方案具体操作

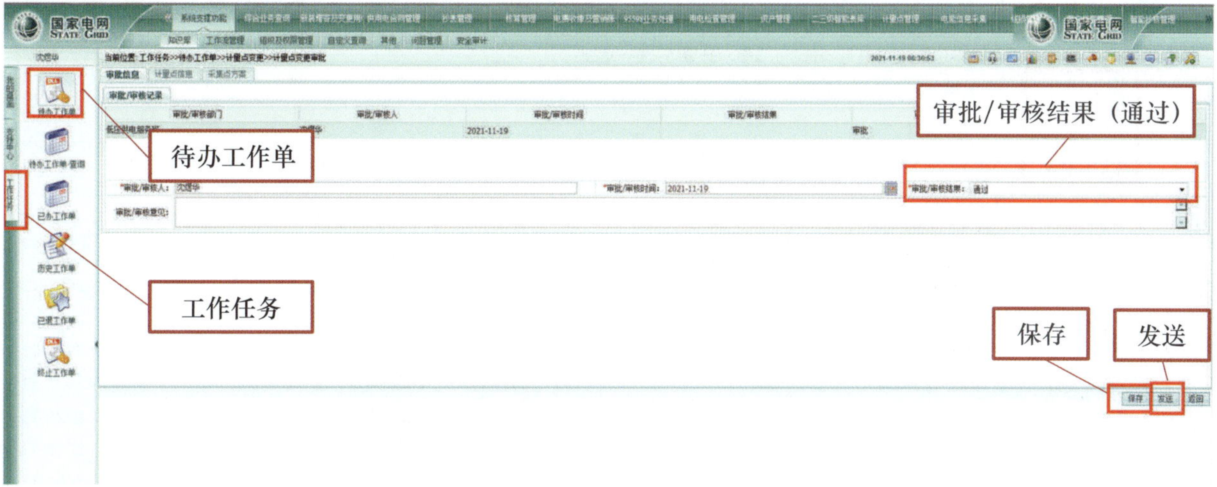

图 9-18　任务审核

图 9-19　配表任务

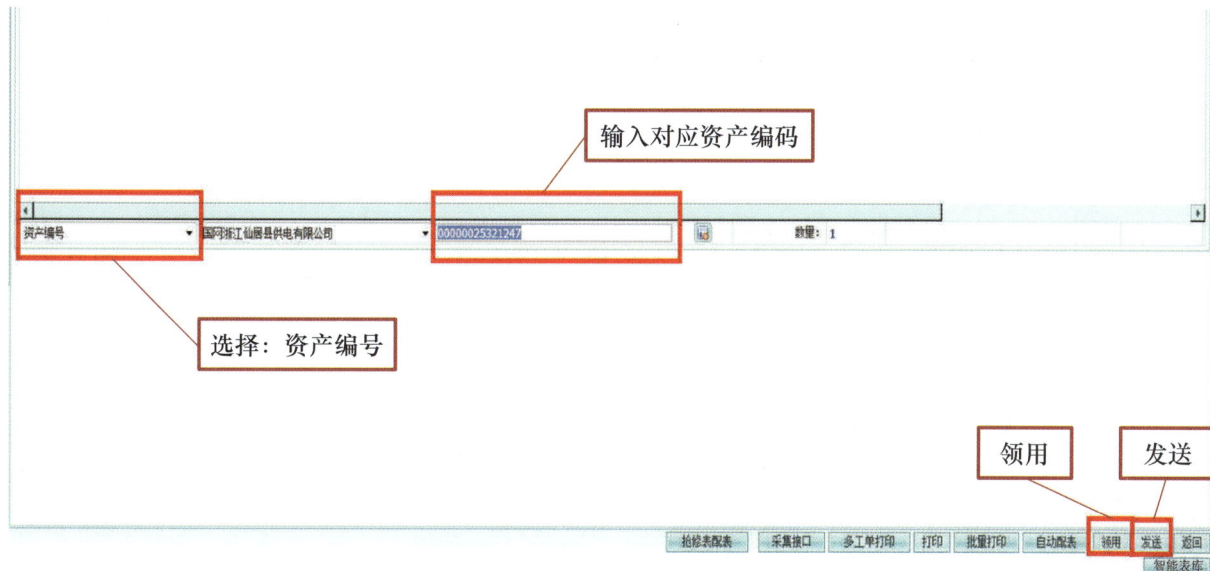

图 9-20　配表任务具体操作

系统支撑功能
综合业务查询
新装增容及变更用
供用电合同管理
抄表管理
核算管理
知识库
工作流管理
组织及权限管理
自定义查询
其他
问题管理
安全审计
待办工作单
沈煜华
当前位置: 工作任务>>待办工作单>>计量点变更>>安装派工
主单
退单
预警
查询条件
申请编号:
自己锁定+未锁定
流程信息
我的桌面
支持中心
工作任务
待办工作单-查询
已办工作单
历史工作单
已退工作单
流程名称 | 活动名称 | 申请编号 | 供电单位 | 挂起恢复时间 | 接收时间
计量点变更 | 安装派工 | 211118755911 | 白塔供电服务区 | | 2021-11-19 08:
@普查任务管理 | 普查结果审核 | 210705073569 | 国网浙江仙居县供电有限公司 | | 2021-11-19 08:
@普查任务管理 | 普查结果审核 | 210705096248 | 国网浙江仙居县供电有限公司 | | 2021-11-18 23:
210721349205 | 国网浙江仙居县供电有限公司 | | 2021-11-18 22:
故障检测 | 接收故障检测任务 | 211118754374 | 国网浙江仙居县供电有限公司 | | 2021-11-18 16:
故障检测 | 接收故障检测任务 | 211116576790 | 国网浙江仙居县供电有限公司 | | 2021-11-16 15:
10（6）kV分布式光伏项目新装 | 答复接入方案 | 211112298881 | 皤滩供电服务区 | | 2021-11-16 10:
计量点变更//安装派工

图 9-21　安装派工任务

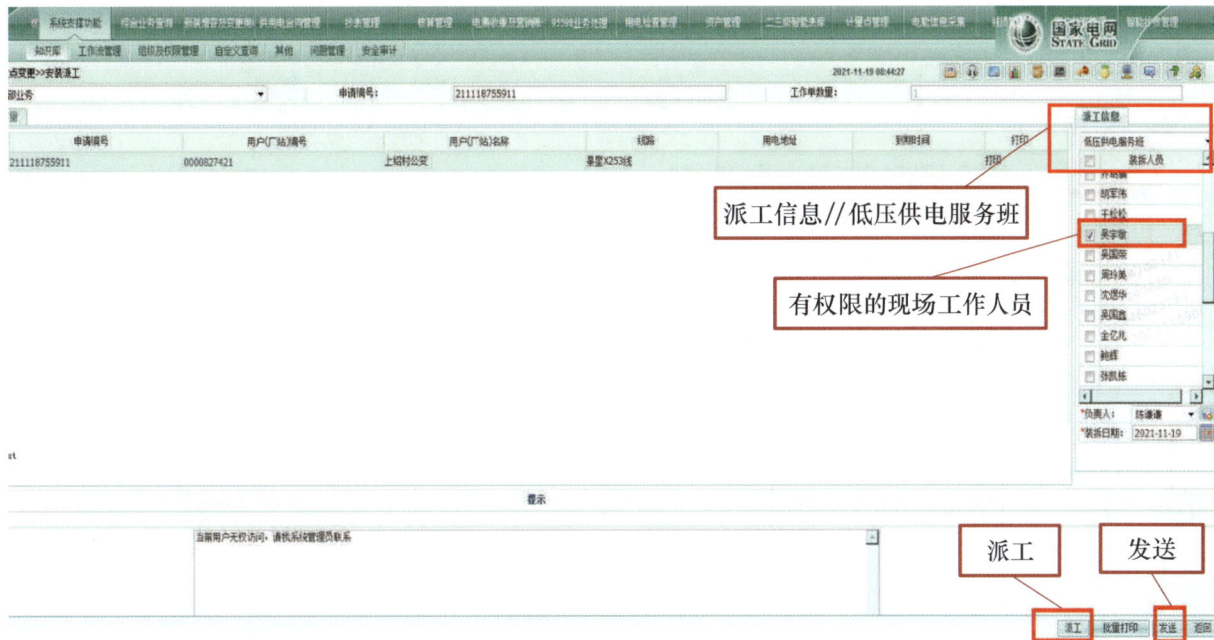

图 9-22　派工任务操作

务）→采集点方案→领用（同一工作人员）→发送，如图 9-23 所示。

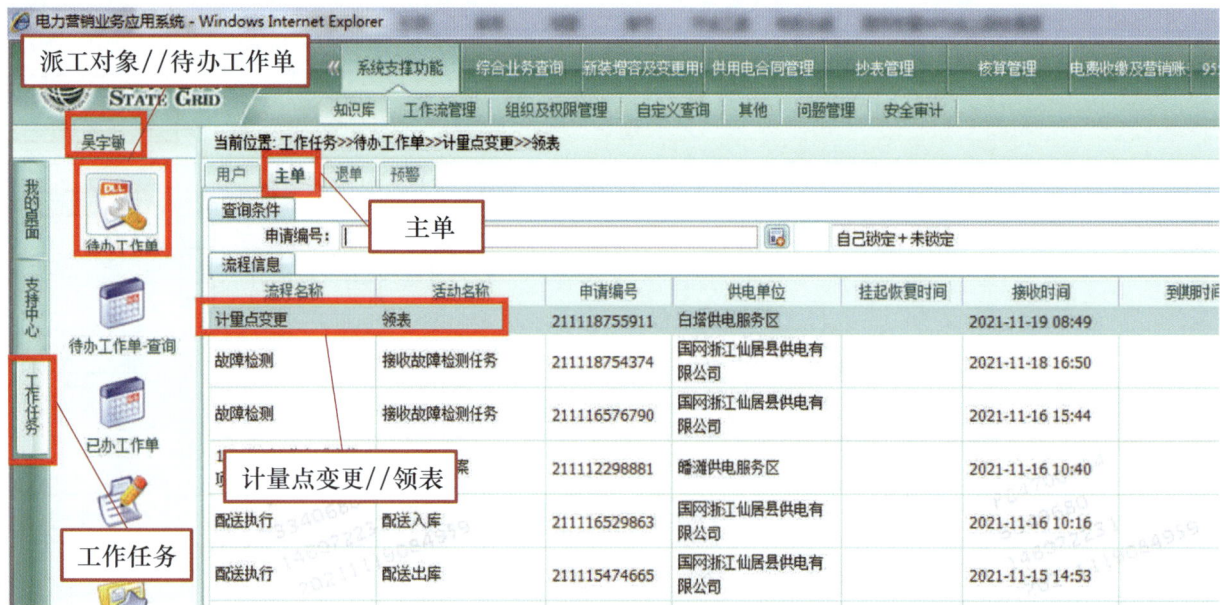

图 9-23　领用任务

6. 安装信息录入（有权限的工作人员账号操作）

安装信息录入任务位于营销系统，操作路径：系统支撑功能→知识库→工作任务单→代办工作单（对应任务）。

信息录入具体内容如下：

（1）安装信息录入任务领取→系统支撑功能→知识库→工作任务单→待办工作单（计量点变更 / 领表）→处理（同一工作人员），如图 9-24 所示。

（2）终端装拆录入→选择拆除的终端→终端装拆信息录入（保存）→拆除原因录入（例如：拆除原因【其他】，设备故障类型【雷击】）→保存，如图 9-25 所示。

（3）终端示数：从现场抄录终端拆除时的数据（正向有功总、反向有功总）→将数据录入到对应的数据栏→保存，如图 9-26 所示。

（4）终端调试（点击进入），如图 9-27 所示，界面中显示对应的终端调试任务，不需要操作。

（5）安装信息录入任务发送对象→施工人员类型（如主业人员）→保存→发送，如图 9-28 所示。

7.SIM 卡解绑和退下来的终端入库

终端入库任务位于营销系统，操作路径为：系统支撑功能→知识库→工作任务单→代办工作单（对应任务）。

SIM 卡解绑和退下来的终端入库操作如图 9-29 所示，具体操作路径为：领取对应任务→终端 SIM

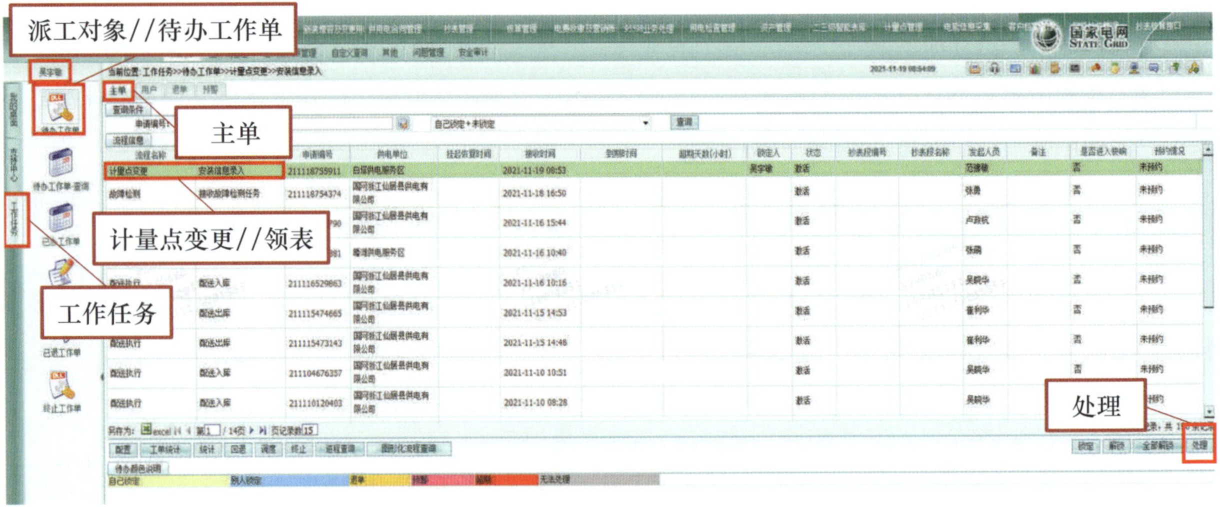

图 9-24　安装信息录入任务领取

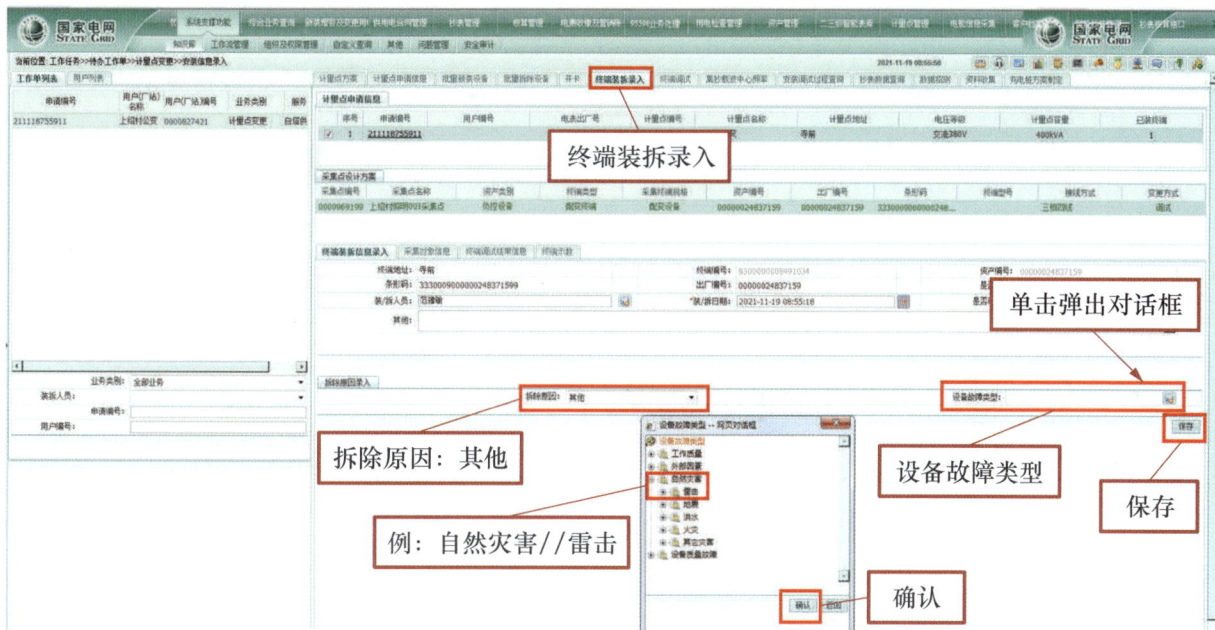

图 9-25 拆除原因与故障类型

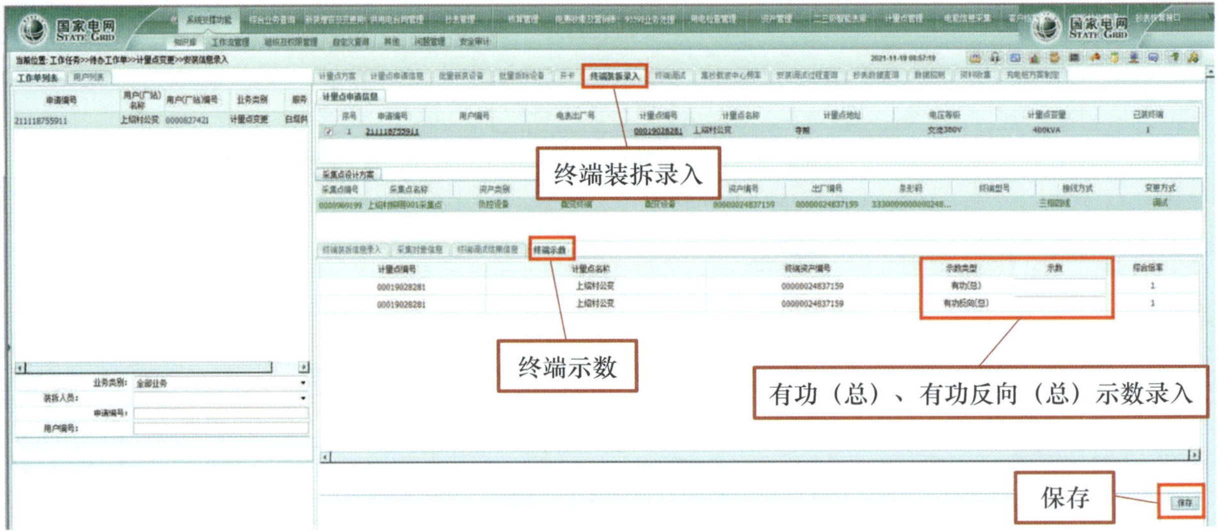

图 9-26　终端示数输入

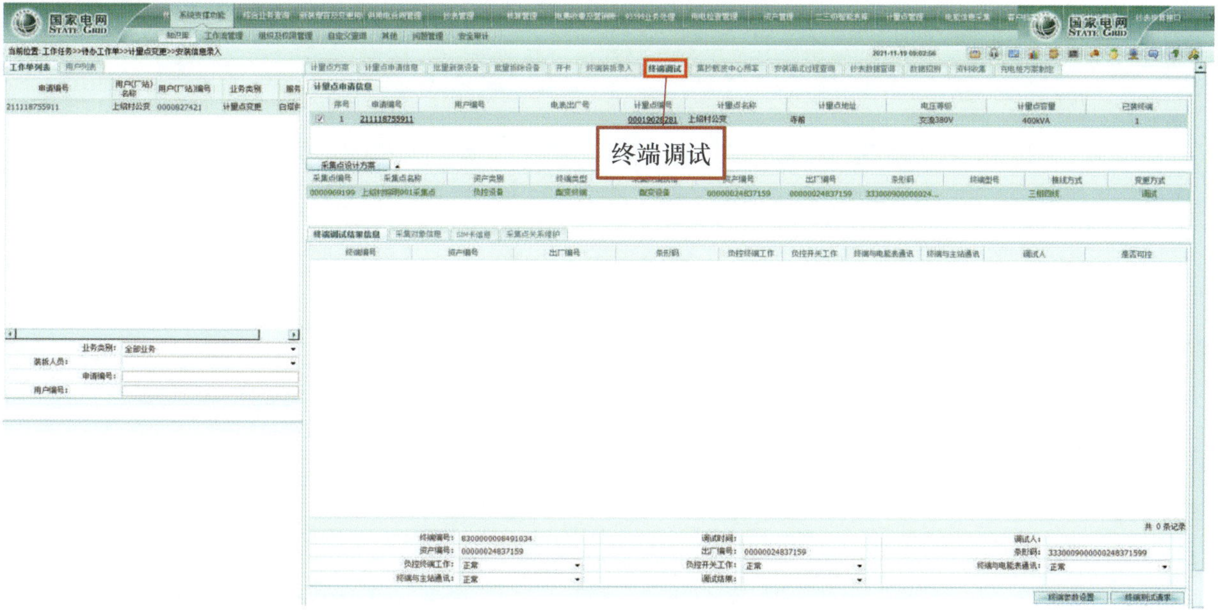

图 9-27　终端调试

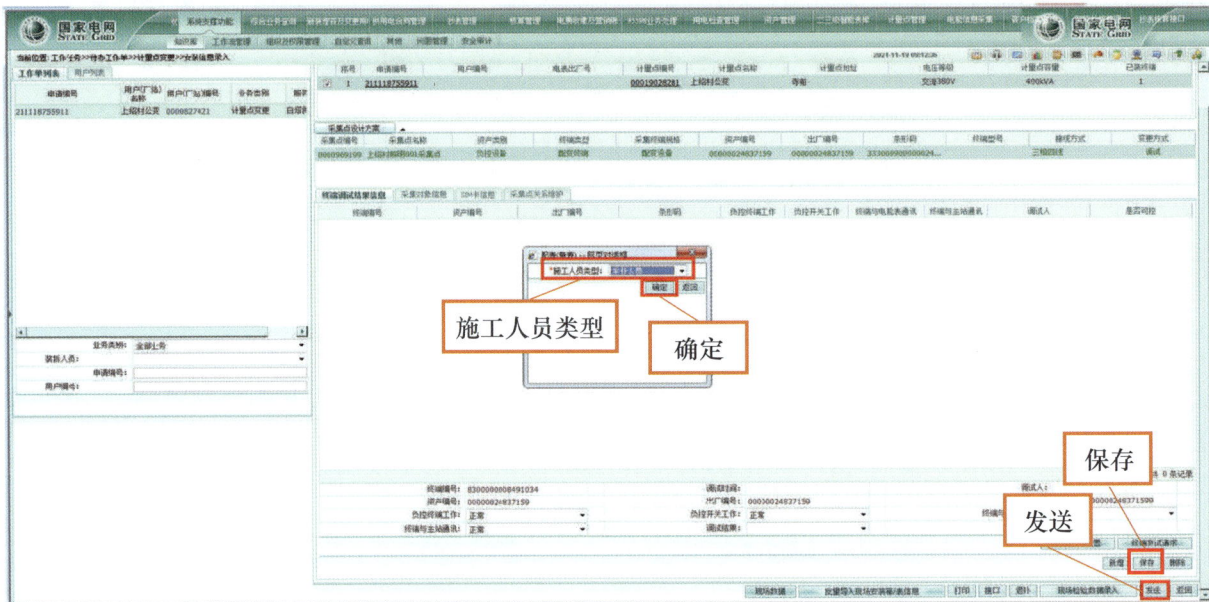

图 9-28　安装信息录入任务发送对象

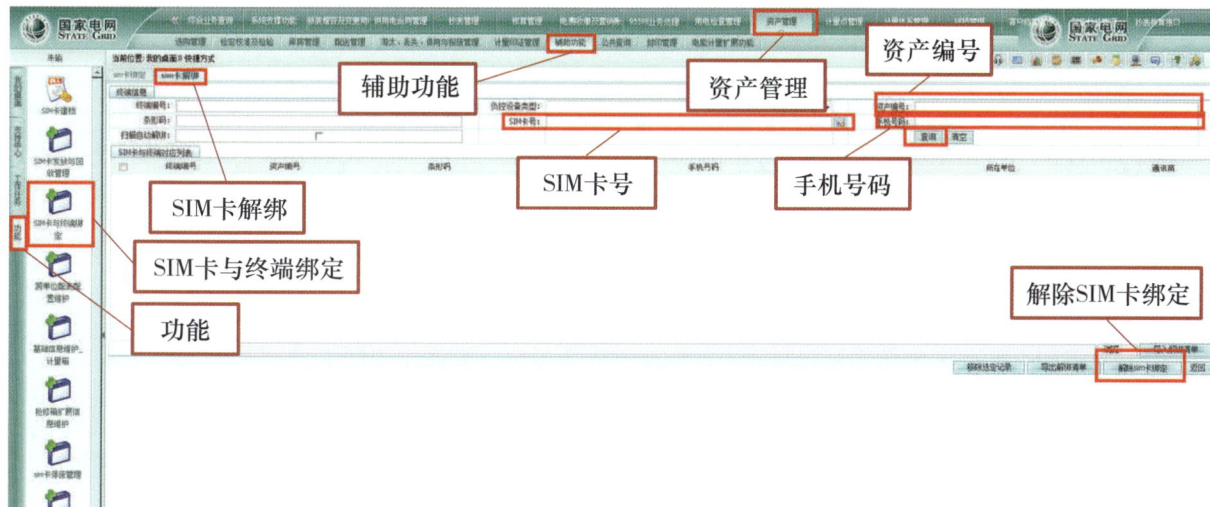

图 9-29　终端与 SIM 卡解绑的位置和必填内容

卡解绑入库（选择对应保存终端的表库）→发送。

8. 空间信息维护

空间信息维护任务位于营销系统，操作路径：系统支撑功能→知识库→工作任务单→代办工作单（对应任务）→发送。

9. 归档

归档任务位于营销系统，系统支撑功能→知识库→工作任务单→代办工作单（对应任务）→归档时间（当天）→发送。

四、电力用户用电信息采集系统调试流程

电力用户用电信息采集系统安装调试流程主要有任务设置，具体步骤如下：

1. 查询新装终端

查询新装终端具体操作如图 9-30 所示，路径为：进入采集系统→用户视图→用户类型（选择公用变压器）→查询类型（选择台区）→台区名称（输入对应更换融合型终端的台区）→查询。

2. 新装终端任务设置

新装终端任务设置具体操作路径如下：

（1）新装终端任务设置：选择对应公用变压器台区→右键单击→选择"任务设置"，如图 9-31 所示。

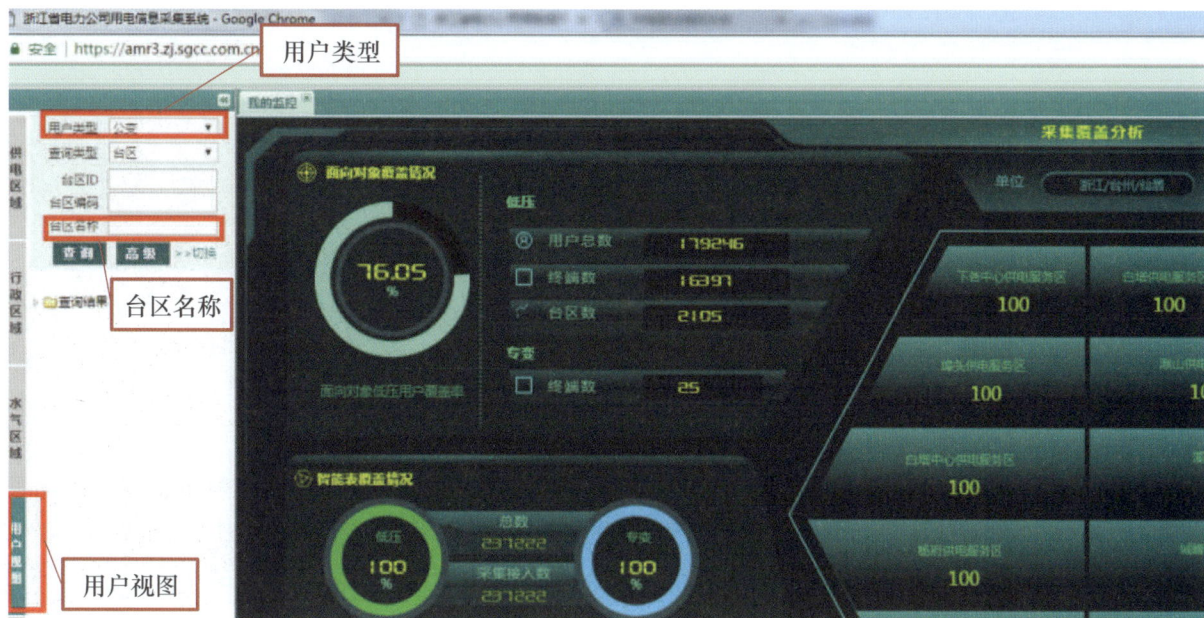

图 9-30　查询新装终端

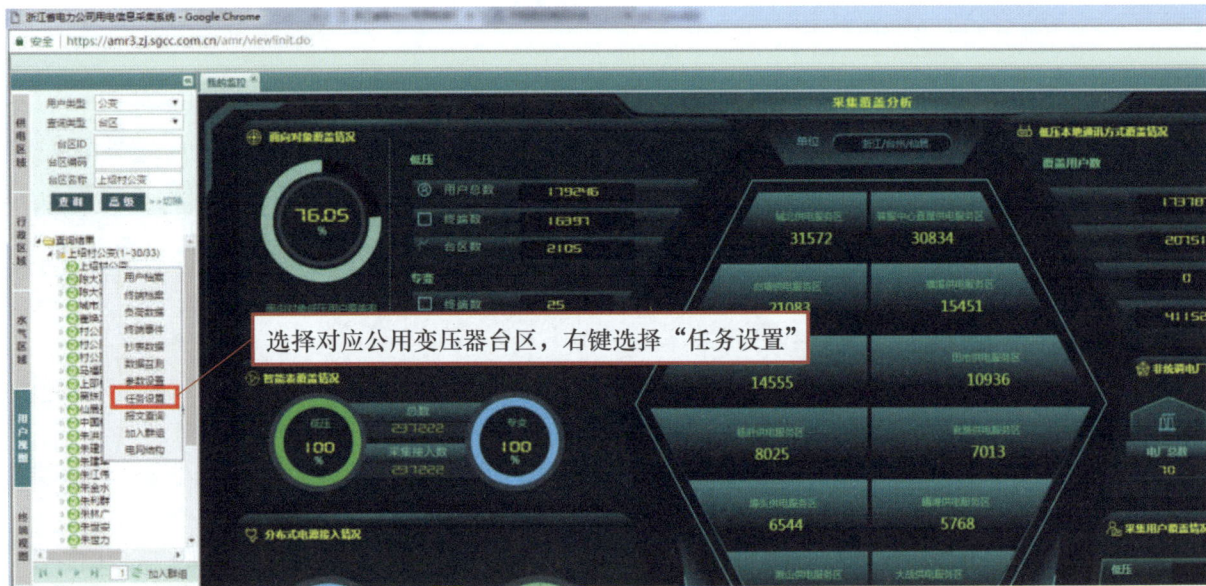

图 9-31　新装终端任务设置

（2）新投对应融合终端操作分为两步：

1）选择任务设置后弹出对话框→点击新投；

2）上述步骤完成后弹出对话框→点击默认任务→最后点击新投→任务状态（启用）为成功，如图9-32～图9-34所示。

如有出现任务停用，选择停用任务，点击重投即可。

五、配电自动化Ⅳ区主站系统安装调试及数据核对

用采系统流程完毕之后，供电所人员应及时将智能融合终端条形码、ID、SIM卡等信息提供给Ⅳ区主站运维人员，完成Ⅳ区主站系统安装调试，并确认数据正常上送，电压、电流等各项参数均正常。

1. Ⅳ区主站系统安装调试

Ⅳ区主站系统安装调试流程主要有公用变压器安装、序列号导入、档案信息核对、终端调试、刷新前置机等步骤。

（1）公用变压器安装。公用变压器安装模块位于Ⅳ区主站系统，操作路径：导航→终端管理→调试管理→公用变压器安装，如图9-35所示。

营销流程闭环后，在公用变压器安装模块查询终端是否安装成功。如图9-36所示即安装成功。

若操作结果显示为失败，可点击手动安装补录。点击手动安装后会跳出资源列表，选择对应的资源

图 9-32　新投对应融合终端操作 1

图 9-33 新投对应融合终端操作 2

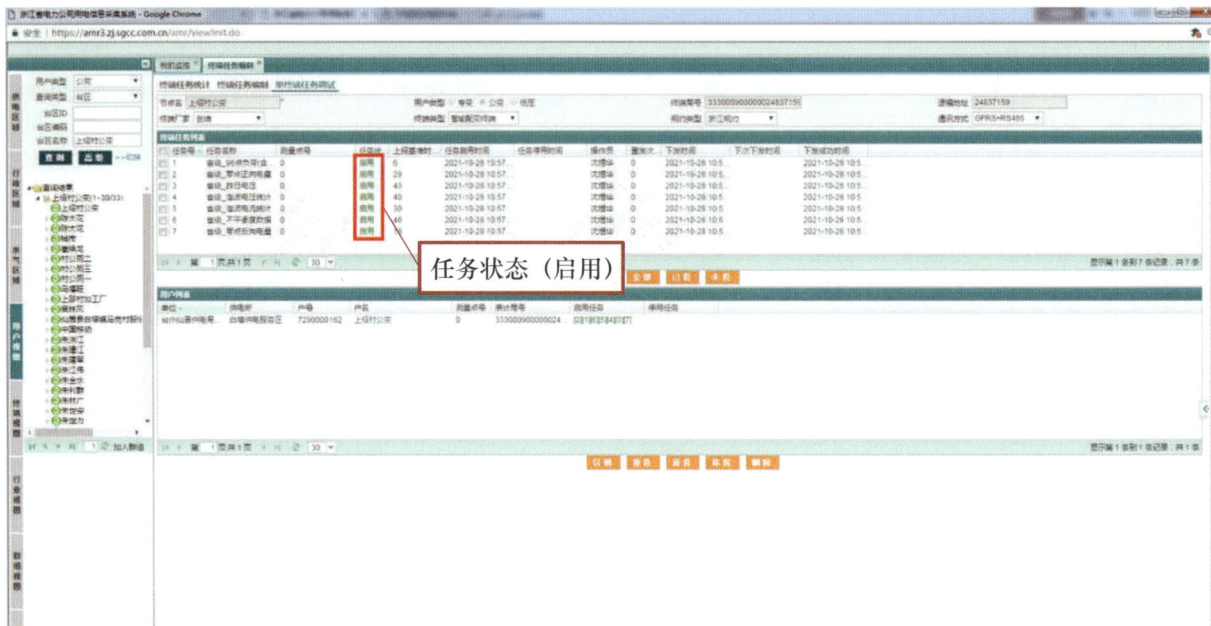

图 9-34　新装终端任务设置完成

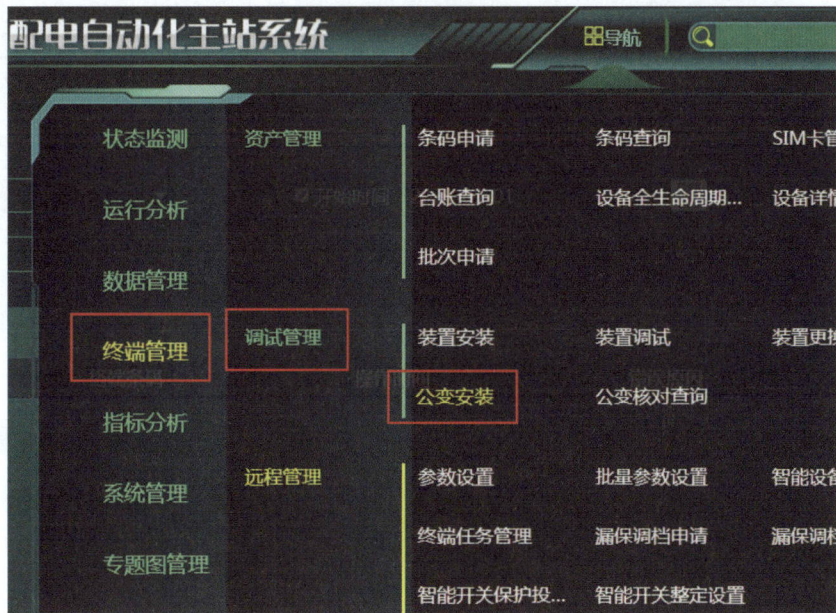

图 9-35　公用变压器安装模块位置

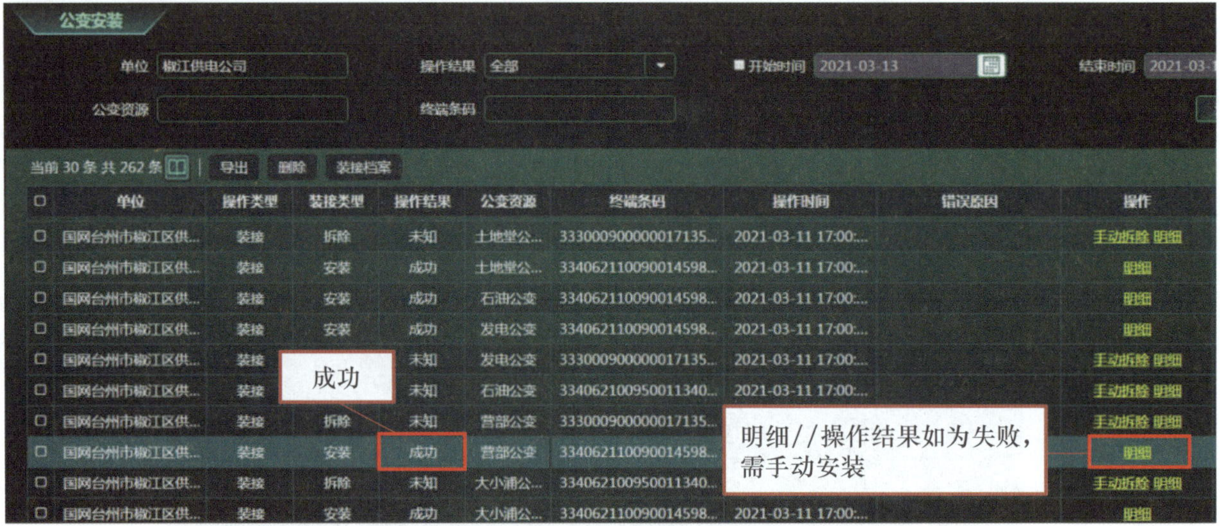

图 9-36 公用变压器安装结果

名称，点击确定即可，如图 9-37 所示。

（2）序列号导入。序列号导入操作位于Ⅳ区主站系统，其操作路径：导航→终端管理→资产管理→物料管理，如图 9-38 所示。

进入物料管理模块后，点击序列号模板下载，将序列号填入模板后点击序列号导入，选择对应的文

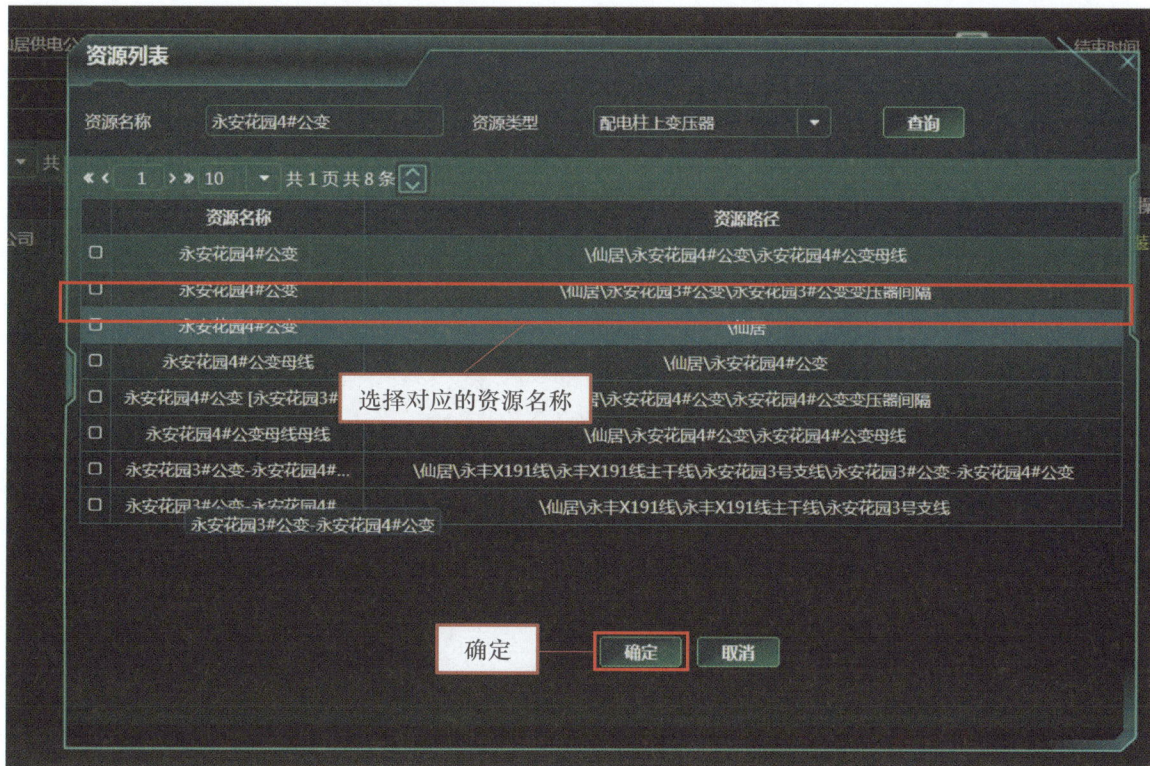

图 9-37　资源列表

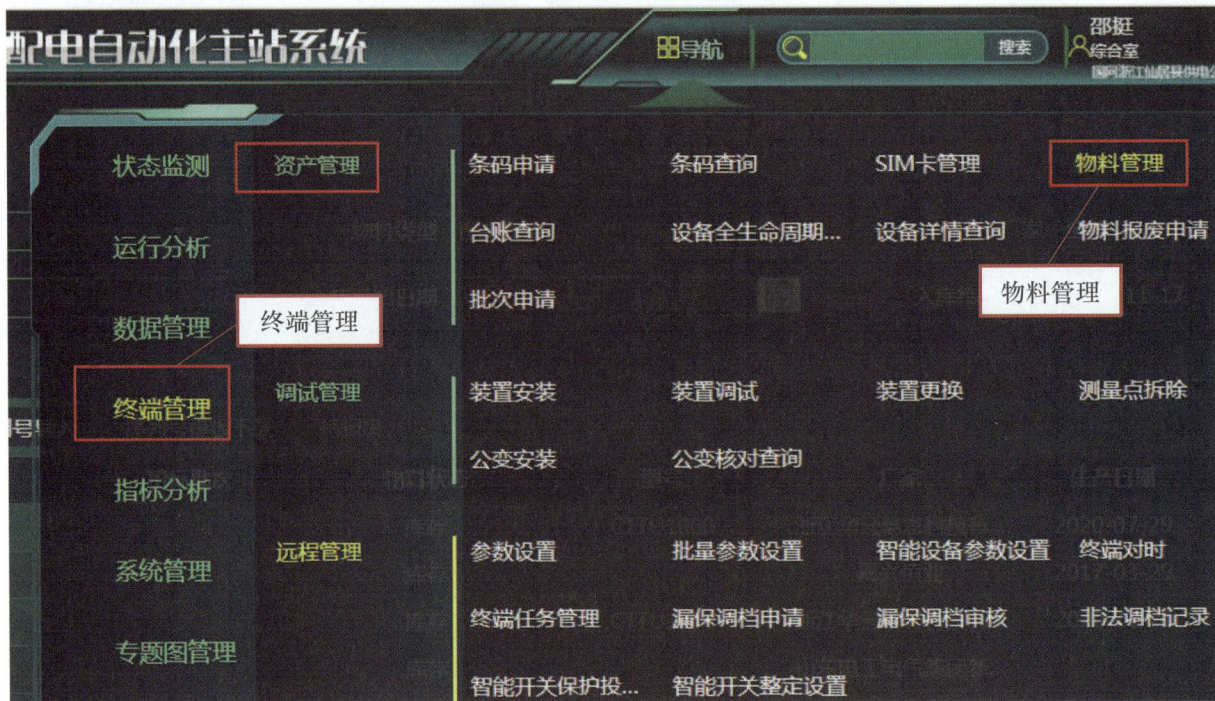

图 9-38　序列号导入操作位置

件后上传即可，具体操作如图 9-39 和图 9-40 所示。

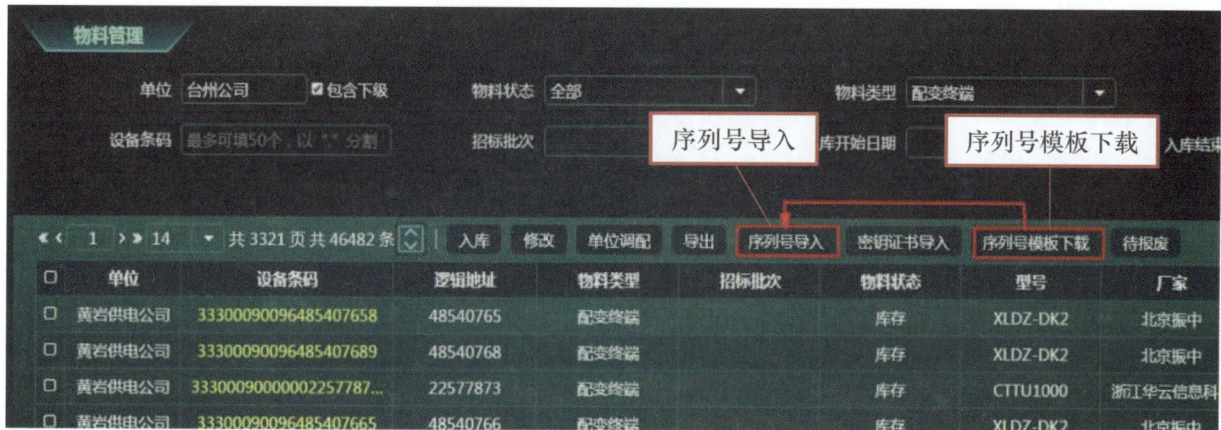

图 9-39　序列号导入操作

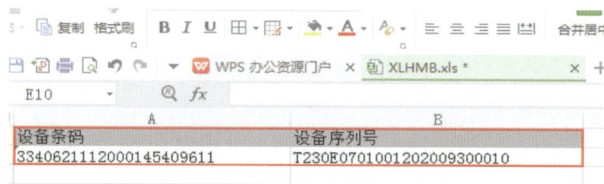

图 9-40　序列号导入模板

终端铭牌上 ID 即为设备的序列号，如图 9-41 所示。其设备序列号为：T230E07010012020009300010，在填入图 9-41 所示序列号导入模板文档时，要注意区别字母大小写。

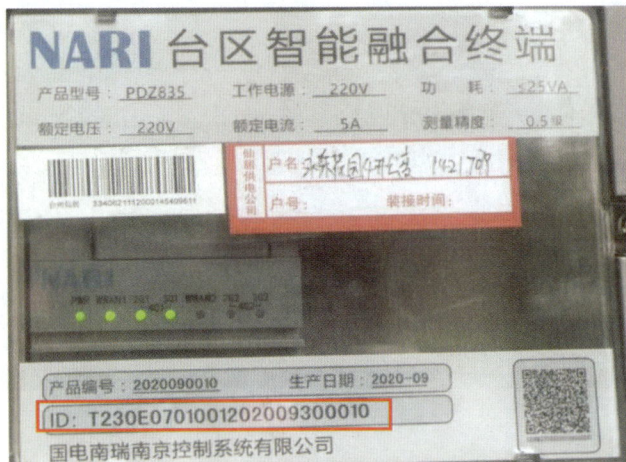

图 9-41　终端上的 ID 即为序列号

（3）档案信息核对。序列号导入后需查询该设备履历信息（档案信息）中序列号是否存在、是否一致。如若不存在或不一致，则需重新导入，查询时如图 9-42 所示，先输入设备条码搜索，然后点击设备条码进入档案信息，档案信息核对界面如图 9-43 所示。

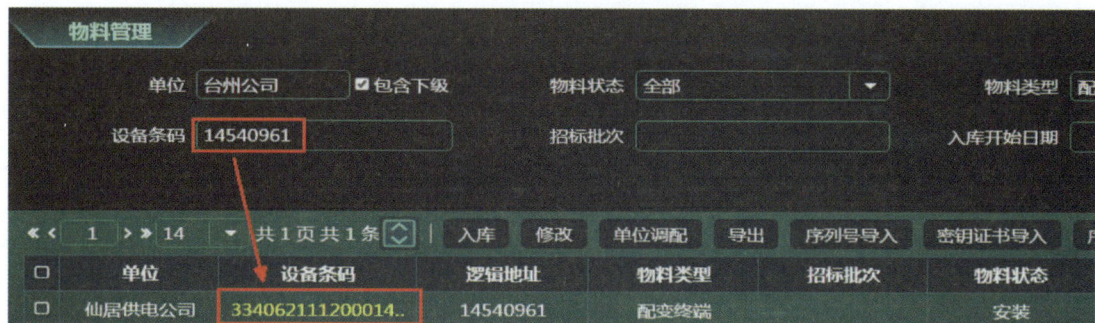

图 9-42 点击设备条码进入档案信息

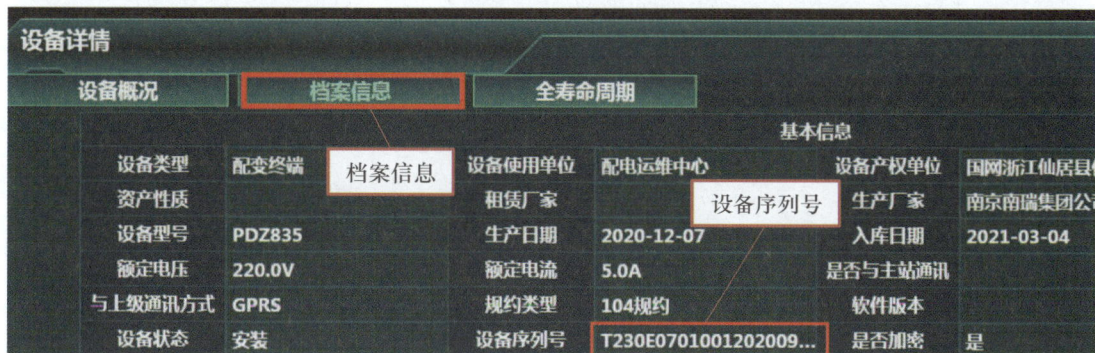

图 9-43 核对档案信息中设备序列号

除了设备序列号之外，同时还应核对厂家、型号、规约类型、终端子类型等信息，信息存在错误的，应点击修改按钮如图 9-44 所示，进行台账信息修改。

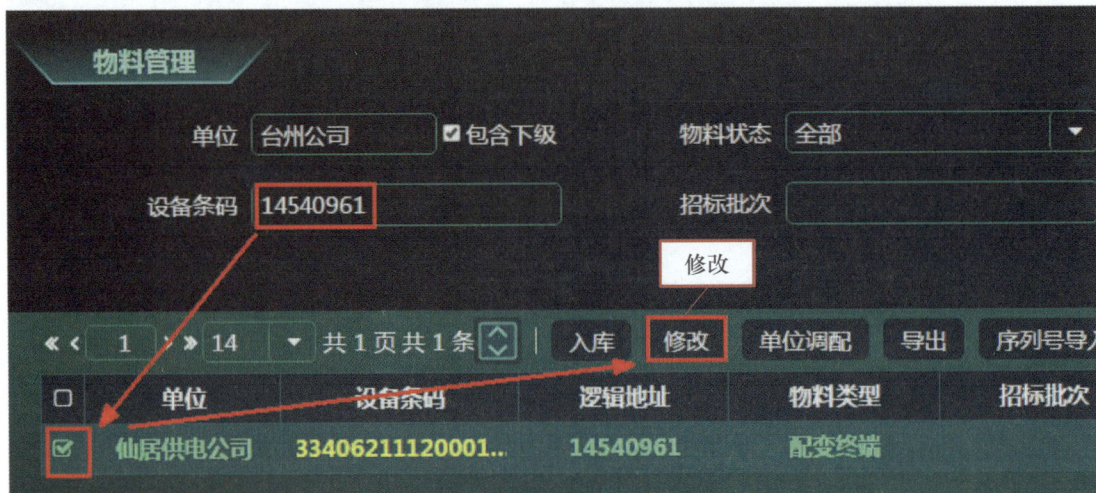

图 9-44 台账信息修改

（4）终端调试。终端调试模块位于Ⅳ区主站系统，其操作路径：导航→终端管理→调试管理→装置调试，如图 9-45 所示。

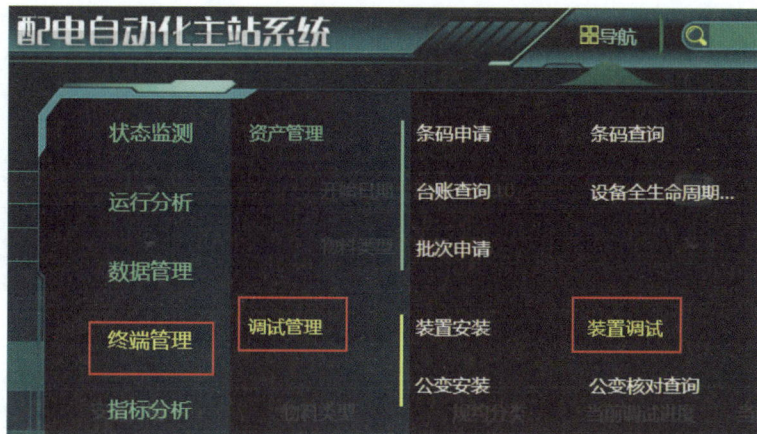

图 9-45　终端调试模块位置

序列号导入，并确认台账信息无误后，在装置调试模块中，查找对应的设备，点击手动调试如图 9-46 所示，显示调试成功即可。如果调试失败，则需要重新检查现场接线是否正确、序列号及证书是否有误、SIM 卡是否正常可用等

（5）刷新前置机。调试成功后需对该终端进行前置机刷新及数据验证，确保任务数据有效上送。刷新前置机操作需要在查询栏中找到对应的设备，然后右键报文查询，在系统的右上方会出现一个刷新前置机按钮，如图 9-47 所示，点击后显示刷新前置机成功，右键选择单设备数据查询，确认任务数据正

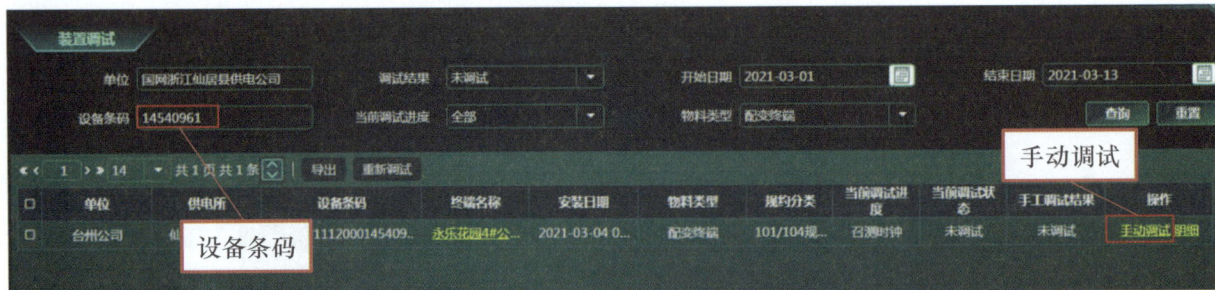

图 9-46　终端调试流程

图 9-47　刷新前置机流程

常上送即可。

（6）SIM 卡缺失补录。刷新前置机成功后，终端即可正常上线，但部分终端可能会出现 SIM 卡号缺失的情况，虽然不影响终端运行，但是对后期的运维工作会产生不便，需要对缺失的 SIM 卡进行补录。

　　SIM 卡缺失补录的操作路径为：Ⅳ区主站系统导航→终端管理→资产管理→台账查询模块中查询 SIM 卡是否缺失，如图 9-48 所示，筛选时选择"规约类型 104"的终端进行查询，如图 9-49 所示。这样筛选的目的是便于区分是融合终端还是普通终端，融合终端规约类型为 104 规约，普通终端规约类型为浙规（国网浙江省电力有限公司）。

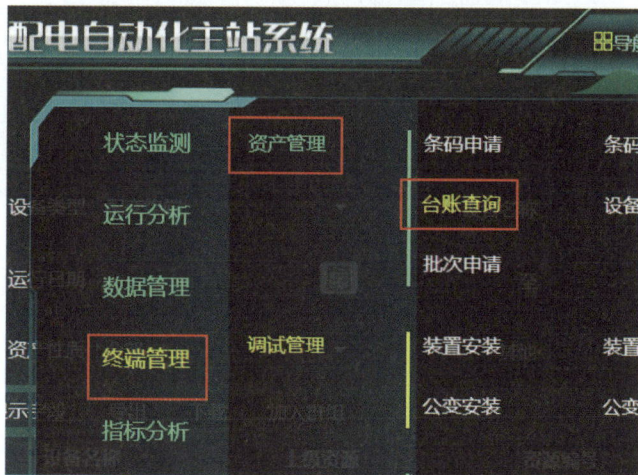

图 9-48　台账查询模块位置

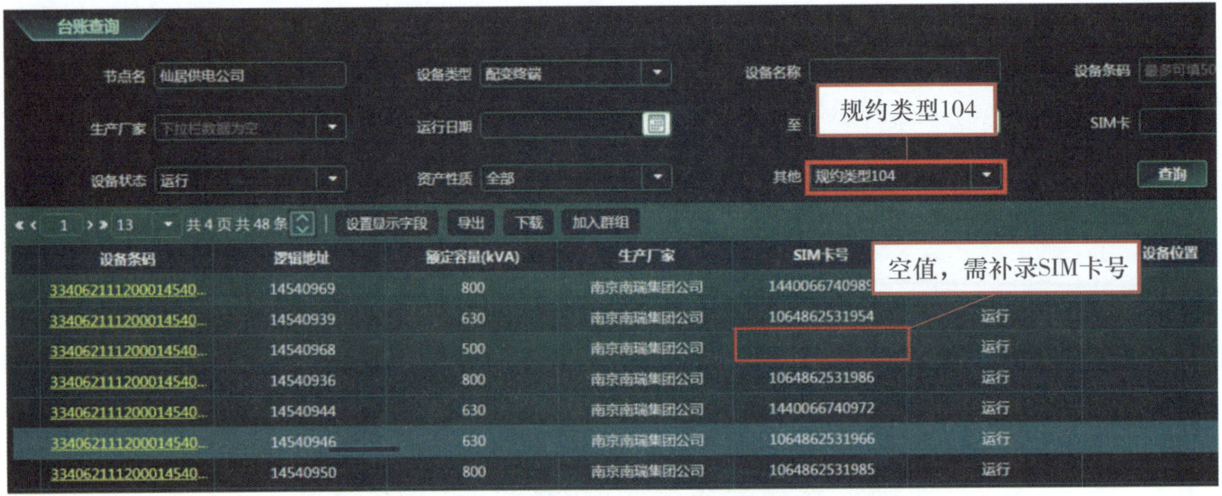

图 9-49　查找 SIM 卡缺失的台账

针对 SIM 卡缺失的台账，可以在查询栏输入设备条码，右键定位后，再右键选择装置更换，单击档案变更填入 SIM 卡号后保存即可。

2. Ⅳ区主站系统数据监测

（1）智能融合终端运行总览。智能融合终端安装完成后，可以在指标分析→综合报表→智能融合终端运行统计模块中查看全部智能融合终端的运行状态，如图 9-50 所示。智能融合终端运行统计包括安装数量、在线率、负荷完整率、电量完整率等信息，并且可以以日、周、月进行展示。

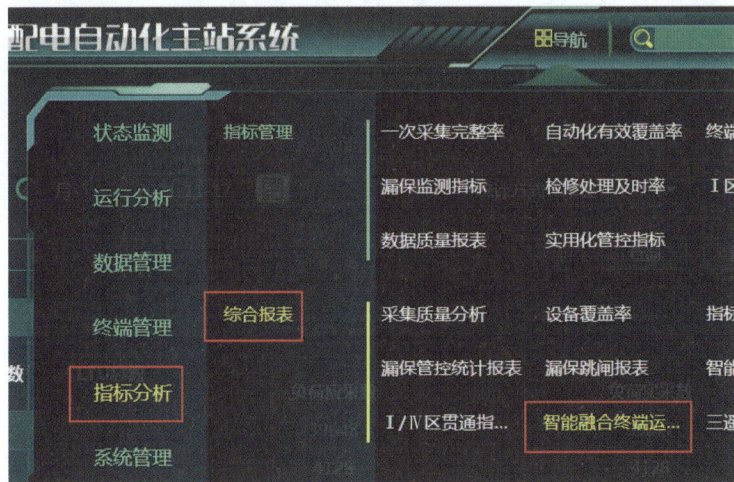

图 9-50　智能融合终端运行统计模块位置

单击智能融合终端运行统计旁的改造总览，如图 9-51 所示，可以查询各单位当前智能融合终端改造的情况，包括计划台区数、累计安装台区、在线台数、安装率、新增改造数、LTU 总数、负荷应采

图 9-51　智能融合终端改造总览

数、负荷实采数等。如图 9-52 所示，点击改造总览旁边的设备明细，还可以查询每台终端的条码、厂家、设备状态、负荷完整率、电量完整率等信息。

点击改造总览旁边的设备明细，还可以查询每台终端的条码、厂家、设备状态、负荷完整率、电量完整率等信息。

（2）终端通信工况。智能融合终端运行统计模块无法查询当天的终端通信情况，如要批量查询当天的终端通信情况，其操作路径为：运行分析→终端运行→终端通信工况模块中查询，具体工况模块位置如图 9-53 所示。

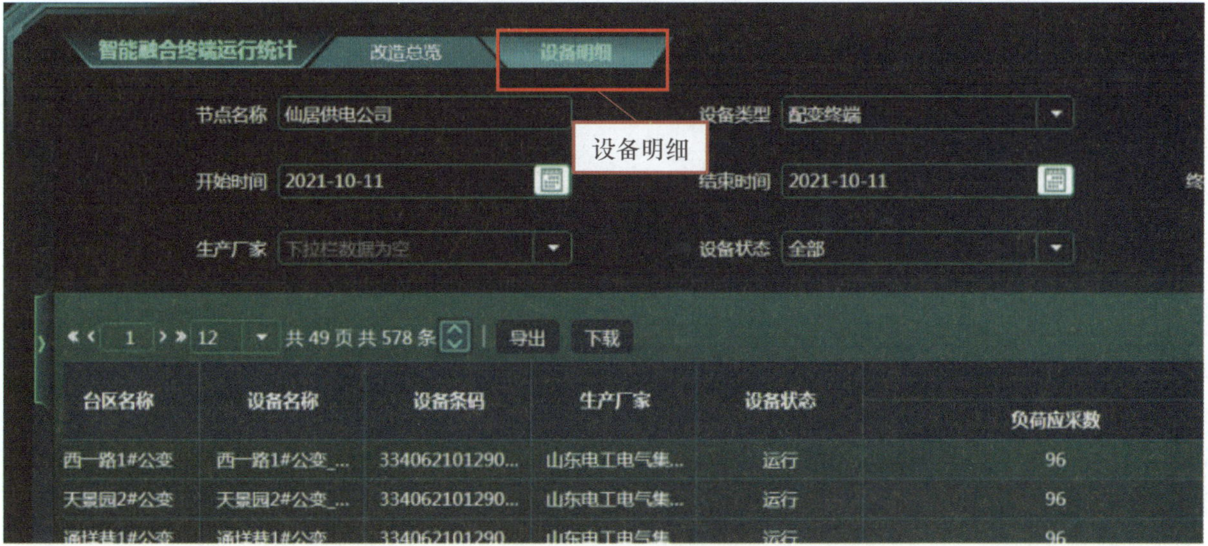

图 9–52　智能融合终端设备明细

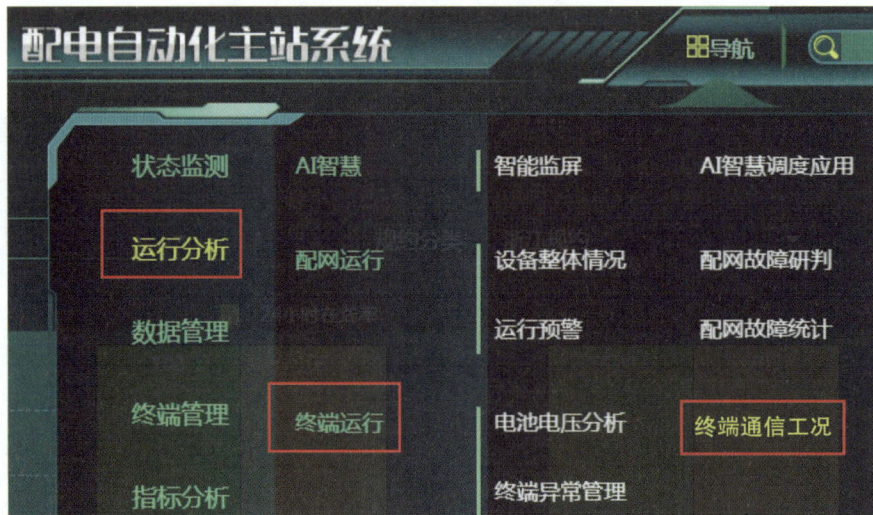

图 9-53　终端通信工况模块位置

　　终端通信工况模块中可以查询到 1h 无通信和 24h 无通信终端数，规约分类中选择 101/104 规约，即可查询离线的智能融合终端数量，如图 9-54 所示。点击黄色的数字，即可查询离线终端明细，应及时通知现场运维人员进行消缺处理。

　　（3）融合终端调试记录单填写。完成上述几项工作之后，现场操作人员应及时将面板指示灯显示情况、Ⅳ区主站及用采系统召测情况、电压电流情况等调试信息如实填写到融合终端调试记录单上。终端调试记录单模板参考见表9-6。

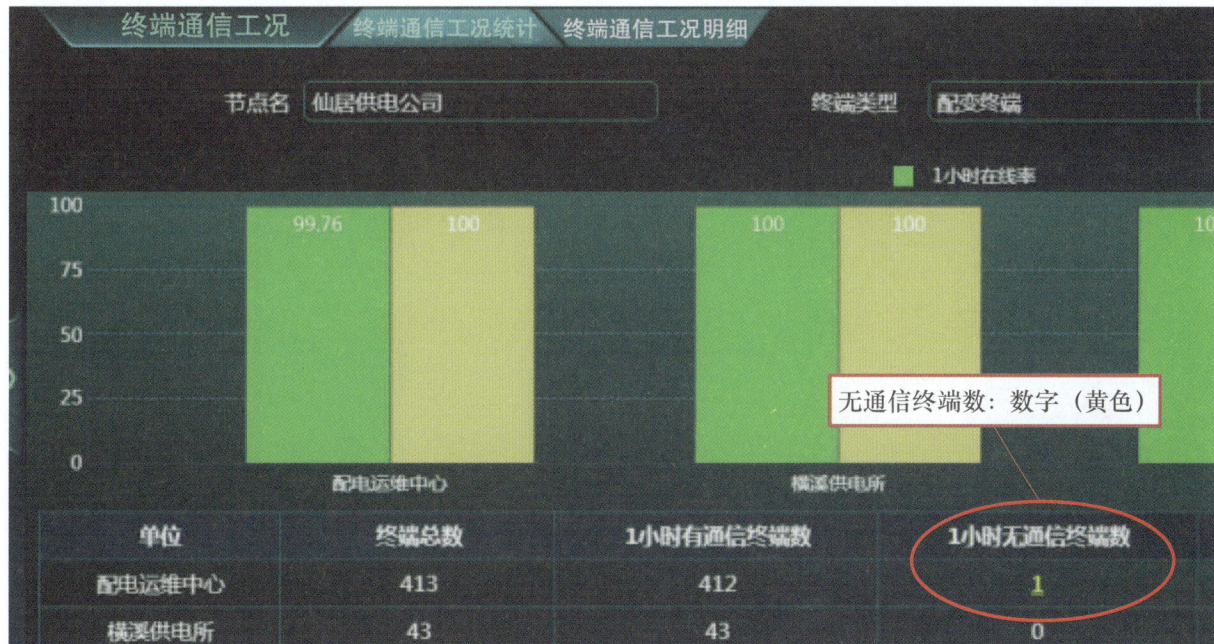

图 9-54　终端通信工况

表 9-6　　　　　　　　　　　　　　终端调试记录单

台区名称		条形码	
时　间		设备 ID	
测试数据项		显示状态	
Wan 灯显示		□正常　□不正常	
PWR 灯显示		□正常　□不正常	
PWR 灯显示		□正常　□不正常	
2G 灯显示		□正常　□不正常	
3G 灯显示		□正常　□不正常	
主站通信召测		□正常　□不正常	
主站电压、电流、负荷等数据		□正常　□不正常	
用采系统召测		□正常　□不正常	
备注			

测试结论：　□合格　　□不合格

记录人：
调试时间：